U0138523

準媽媽心靈解憂書

備孕、待產到育嬰，來自孕產醫師的 70 個減壓處方

亞歷山德拉・沙克斯　凱瑟琳・波恩朵夫
Alexandra Sacks, M.D. —著— Catherine Birndorf, M.D.

鄭宜珉——審定　張怡沁——譯

WHAT NO ONE TELLS YOU

A Guide to Your Emotions from Pregnancy to Motherhood

目次

第二章
第二孕期——我是真的懷孕了

第三章
第三孕期——我要變成媽媽了

第四章 待產與分娩——我害怕！

第五章 家有新生兒——我做了什麼？

第六章 成為人母第一年——你好，我的寶貝

獻給我們的母親、老師、學生，

以及過去到現在與我們相互扶持的患者。

推薦序

吃下定心丸，知道狂風大浪都將過去

NUTURER【人初千日】寶寶專家平台創辦人　鄭宜珉

妙齡少婦低頭看著驗孕棒上的兩條線，臉上表情五味雜陳，淚水漸漸盈眶，接著她用顫抖的聲音低聲說：「我懷孕了……」身旁的丈夫一臉傻氣表情，似乎一開始並沒聽懂，接著瞬間像個孩子般手舞足蹈，抱起妻子轉圈圈大喊：「我要當爸爸了！」少婦破涕為笑，捶打著要他小心把自己放下，然後兩人相擁親吻，背景則響起讓幸福迴盪的音樂……

接著的劇情呢？沒有了！

那些無止境的早晨乾嘔，皮膚變粗糙、乾燥或痘子狂冒，整天和老闆開會打瞌睡，走沒幾步路就腳腫難耐，半夜要三次起身上廁所，再也找不到合身好看的衣物，還整天疑神疑鬼丈夫是不是對自己失去性趣……以及其他種種崩潰與衝突，這些「政治不正確」的真實劇情，是很少在主流媒體出現的，就連社群自媒體，也都只充斥著「懷孕只胖肚子、不胖四肢」、「生產完第二天就曬亮麗美照、曬娃」、「孕期只胖五公斤，生完身材反而更火辣」的訊息。

但實情呢？「母職角色」常被整體的社會文化，過度美化成一個「自然而然」就會受「母性天職」誘發而光輝四射的成就。可是懷孕與生產，不但是一個小生命的【人初千日】孕育開端，也是一個母職角色、更是一個家庭的孕育開端，不容易之處不勝枚舉，但我們的整個社會，尤其愈是都會化、資本化、網路化的快速變遷社會，卻鮮少有時間讓這些新生命、新角色、新團體有充分的準備與醞釀這人生轉換期。

母職孕育期的劇烈變化

「matrescence（母職孕育期）」概念在一九七三年，才由人類學家 Dona Raphael 提出。人類是社會性的動物，人類社會複雜程度又遠勝其他社會性動物，所以「成為母親」這件事情，並不單只有生物面的懷孕和生產，還包含更多人文科學所關切的，包含整個社會的支持度、自我認同的重新形塑、新舊的「自己」彼此推拉的過程，所有驟然變化帶來的焦慮、擔憂、衝突、不確定感，才是更多母親（或父親、或祖父母……），除了欣喜若狂以外，更直接的感受。

在自然科學或醫學領域上，有「青春期（pubescence）」和「更年期（menopause）」來代表女性孕育年齡的起始和結束，但在中間最重要的「母親角色誕生」這個情節，荷爾蒙一樣狂飆，身體意象和心靈變化一樣劇烈，多數人卻只把鏡頭放在小生命的故事上，似乎完全遺忘了這也是女性生命故事中，特別且重要的階段，而「matrescence（母職孕育期）」在醫學領域被重視的程度，還非常不足。

滋養新、舊的「自己」

在展讀沙克斯醫師和波恩朵夫醫師的這本《準媽媽心靈解憂書：備孕、待產到育嬰，來自孕產醫師的70個減壓處方》時，有種與思想上的多胞胎相遇的交心驚喜，書中幾乎字字句句都說進我的心坎裡，也像跟著作者的思路，重新再經歷一次「matrescence（母職孕育期）」，從第一孕期、第二孕期、第三孕期，甚至是寶寶出生後的新生期，溫習了每個階段的情緒起伏變化與適應過程，讓我的「媽媽自己」和我的孩子，又一次被同時「重新孕育誕生」。

書中頻頻觸動敏感媽媽心的金句不斷，像是「懷孕不僅僅是生下寶寶，也同時是孕育一個新的妳的過程。」等。讓我不禁想像，如果每個母親（父親），或至少考慮成為母親的人，都讀過這本書，會不會也像個被妥善照顧的寶寶一樣，獲得更多滋養，也能因為新、舊的「自己」都被滋養了，而長出「一個原有的自己，加上一個新的媽媽自己，大於兩個自己」的能量，更能滋養這個從身體裡長出來的延伸版「自己」，讓親子間同時享有空間和親密。

沙克斯和波恩朵夫兩位醫師在書中，就像是溫柔成熟又專業堅持的母親般，為「正被孕育的母親們」，科學性地列出各種孕產期可能會有的情節、情緒感受與來由（心智智能），並同理地幫不同經驗的媽媽們，找出消化或擁抱這些情緒的方式（情緒智能），舉出很多不一定要非黑即白、可以彈性靈活的作法（生理智能），同時鼓勵媽媽們，找到自己和寶寶獨到的相愛方式（創意智能），這些訊息所帶來的全新智能會讓人有被授權感，長出內在的權威，簡直一讀就無法停歇。

讀完這本書，彷彿吃了定心丸，知道所有的狂風大浪都將過去，自己終會在定錨後找回自己的人生，但更棒的是，這個人生還延伸出了個獨一無二、有無限可能的嶄新藝術品人生。妳或許不用讀完所有的孕產科普書籍，但妳一定要讀讀這本充滿人文關懷況味的友善孕產好書。

推薦序

千金難買早知道，從孕期開始準備最好！

國際認證泌乳顧問、博仁醫院小兒科主任　毛心潔

自從開立泌乳門診之後，我的患者族群漸漸從嬰幼兒轉變為泌乳爸媽，我也從治療各種泌乳狀況下漸漸理解到，「情緒調適」是懷孕、生產、哺乳及育兒過程中很重要的關鍵。看著眼前的母親泌乳能力一級棒，卻因為過度憂慮或壓力過大，讓哺乳遭遇困難或出現嚴重乳腺炎等狀況，總讓人覺得心疼不已。更覺得非常可惜的是，如果爸媽們能提早知道這些狀況，事前做好一些預防措施或心理準備，結果可能完全不一樣。

這也是我近年來努力推動產前哺乳課程的主因，希望幫準爸媽們安排個「哺乳育兒行前說明會」，說明常見的困境以及如何應對，更重要的是即時找到支持的泌乳顧問，讓爸媽們順利度過磨合期，找到適合自己的方式，進而享受哺乳、開心育兒。所以當《親子天下》邀請我推薦這本《準媽媽心靈解憂書：備孕、待產到育嬰，來自孕產醫師的70個減壓處方》時，我實在太開心

了！第一遍看完就非常認同，不停的點頭如搗蒜！讀第二遍時，則特別摘錄了一些書中的金句，十分打動我，也希望與爸媽們分享：

懷孕（以及成為母親）最大的教訓之一，就是妳必須接受可控制和無法控制的一切。——這是一個全新的旅程，我們無法預期會發生或不會發生哪些事情，事情經常不完美但可接受，有伴侶與放心的親友陪伴度過每個磨合期，會很有幫忙的。

我們還要提醒，不要用 Google 搜尋，妳永遠不知道網路消息來源是否可靠，而錯誤的資訊會增加焦慮程度。——這句話我每天會在門診講三次以上。

寶寶出生後可以立刻受邀來看妳的人，應該是在任何情況下妳都能自在相處的。如果妳不想產後在尿布堆裡或露出半個乳房見人，或者他們質疑妳要不要餵母奶的決定，或是讓妳感到被批評或壓力，那麼這些人不應該放在名單上。——這些話要裱起來貼在牆上！限制訪客人員與建立訪視規則非常重要！書中對於如何阻擋不請自來的訪客有很實際的建議，請所有孕產家庭務必參考！

作為醫生，我們認為必須在餵母奶的所有好處，與不餵母奶的好處之間取得平衡。在餵養方面，每個嬰兒和每個媽媽都是獨一無二的。——沒錯，目前大家都理解哺乳有許多好處，但是每對母嬰當下的狀況都是不同的，需要針對個別不同的需求給予適合的建議，並持續調整。做泌乳諮詢時，泌乳顧問會針對母親、嬰兒以及其家庭社會狀況評估，並與爸媽討論出可接受的處理：有時著重於練習舒服的哺乳；有時會利用各種手法緩解母親的乳房不適；有時發現嬰兒或母親有醫療狀況，需要轉介醫師；有時需要與母親討論適合的離乳計畫等等。

更重要的是持續關懷與追蹤，因為我們知道產後身體與情緒的變化很大，數天或數週後的狀況因人而異，如同書中提到的「避免非黑即白，保持靈活變通」，在哺乳的磨合期也完全適用。

寶寶會教妳怎麼當他的父母。當寶寶需要幫助，他會引起妳的注意；當寶寶準備探索，培養獨立或讓自己安靜下來，他會推開妳。我們鼓勵所有父母在早期育兒時期相信自己的直覺。正如我們常提醒患者的：盡量避免妨礙寶寶，妳的孩子會告訴妳該怎麼辦。——我的孩子們目前已經進入青春期了，這句話對我還是很受用。曾經我們都想成為自己心中那位完美的母親，但事實上這並不存在，當了母親之後發現，認識自己與認識孩子是一輩子的功課，我自己到孩子三、四歲才真的花時間了解這些課題，對親子關係建立非常有幫助。

我們建議妳建立支持團隊，不論實際認識還是在網路上，裡頭包括有證照的專家、值得信賴的朋友和家人，妳可以隨時請教他們，得到新資訊、建議、偶爾了解目前現況。——這真的太重要了！從我多年帶領哺乳支持團體的經驗發現，哺乳家長超級需要互相分享與支持，哺乳育兒過程中的大小事，如果有人傾聽，煩惱就減少了一大半；如果找到同溫層，就更能肯定自己並持續下去，是個為自己充電的重要管道！

我最喜歡這本書的地方是，兩位專為孕婦和新手母親提供情緒焦慮問題治療的醫師毫不藏私，不只提出臨床上常見的問題，也提供非常務實的解決方式，不論是避免自己陷入過度憂慮，或是處理不請自來的建議等等，都非常實際好用。最後還是呼籲一下，孕產婦的情緒變化一般來說是正常的，面對孕產育這段重要的生命歷程與生活改變，伴侶、親朋好友與相關照護人員（醫療人員、泌乳顧問、月嫂或保母等等）的支持陪伴非常重要，盡早覺察孕產婦特殊的情緒變化，並適當轉介相關醫療或治療資源也是很重要的。

誠心推薦這本專業又好讀的書，給所有的孕產家庭與相關專業人員！

推薦序

當母親，必須正向、勇敢、不怕困難？

國立臺北護理健康大學護理助產及婦女健康系系主任　高千惠

為人母的生命經驗歷程中，準媽媽不僅經歷自身的身、心、靈改變，也要面對社會的變化，其中，心靈、情緒方面的波動是較少被提及的，但它又是確實存在於孕育期女性的生活中。

例如在懷孕初期所產生的矛盾心理；即使這次懷孕是計畫中的事，也可能會質疑：現在這個時刻懷孕真的是合適的嗎？這樣的心態其實在臨床上是常見的，但是我們的社會傳遞的訊息是為母則強！刻板印象是當母親就必須是正向、勇敢、不怕困難的。所以當準媽媽出現懷疑、焦慮的心態時，就會擔心自己是不是不正常？自己是否不是一個好媽媽？殊不知這是一個正常的心理反應，可以將這種真實的感受分享給周圍的親朋好友，而周圍的親朋好友也可以提供傾聽與支持的態度，讓準媽媽更認識自己的真實感受，進而能接受為人母的角色。

了解自己才能愛自己、愛寶寶

多年的臨床經驗，以及與孕產婦接觸的過程中發現，每個人都是獨特的個體，都有自己的人生故事。當然在懷孕、待產、生產以及初為人母歷程中，每個準媽媽都有自己獨特的感覺與想法，她們的世界又都與自己的原生家庭息息相關，與自己的過去經驗密不可分。

科學實證上又告訴我們，如果孕育過程充滿不確定感或無力感，會讓準媽媽們對自己的感覺是負向、低自尊、零自信。由此可知情緒與心靈的支持，對準媽媽來說非常重要。但是我們的文化裡一再強調為人母的偉大，似乎認為經歷的所有一切，都是理所當然，都必須要犧牲、奉獻，而不在乎準媽媽們在孕育過程中實際的想法與感受。

這一本《準媽媽心靈解憂書：備孕、待產到育嬰，來自孕產醫師的70個減壓處方》的作者，一位是孕產精神病學家，另一位是為人母中心（motherhood center）的醫學總監。兩位作者將其專業領域的學理與臨床經驗融合於本書中，由婦女懷孕後的第一孕期到成為人母的第一年，過程中可能產生的心理、情緒變化，娓娓道來，就像是身臨其境，是那麼的貼切與真實，又是那麼的獨特與感人。相信準媽媽們看了這本書後，會清楚的了解自己的感受是自然且正常的，經由了解自己才能愛自己，進而愛自己的寶寶，扮演好為人母的角色與功能。

這本書不但適合一般孕育期的女性閱讀，也適合醫療照護相關專業人員，因為這本書的內容提及由懷孕初期至產後一年中，女性可能遇到有關心理及情緒變化的相關經驗與議題，值得專業人員深入細讀，以朝向進入服務對象的世界，了解她們的感覺與想法，進一步理解她們的經驗與問題，才能提供個別性與獨特性的照護，進而提供最佳的照護品質。

推薦序

成為一個母親，是個不斷調整與整合的歷程

美國嬰幼兒心智健康治療師、社工師　孫明儀

幾乎沒有人告訴過我們，成為一個母親是個不斷調整與整合的歷程，這個過程會充滿著許多複雜的感覺。非常高興《準媽媽心靈解憂書：備孕、待產到育嬰，來自孕產醫師的70個減壓處方》這本書能夠來到臺灣，因為從懷孕、生產到帶養是不同階段，我們會有許多不同的想法與擔憂，除了在社群平台爬文，以及片段地抒發之外，我們終於有了這樣的一本書，能夠帶著我們從懷孕開始，檢視自己心情的變化，了解我們的困惑與擔憂，原來跟別的媽媽一樣！藉由這本好書，我們可以依循著成為媽媽的時序，學習如何觀照自己，涵容自己複雜的感受，幫助自己更適應媽媽這個角色。

因為，在媽媽這個角色裡，我們總要不斷尋求平衡——平衡滿足寶寶的需要，也同時照顧自己的需要。我們好希望自己可以是全心全意愛著寶寶的好媽媽，但我們也好需要仍能擁有對自己

而言重要的人事物。我相信這本書在那些我們不確定自己、感覺挫折難過，甚至是在寶寶和自己的需要之間，掙扎平衡的時刻裡，都可以好好陪伴我們鼓起勇氣，再度面對自己、面對寶寶，慢慢地找到平穩的帶養步調，成為足夠好的媽媽！

前言

一段充滿奇蹟、又令人困惑的旅程

多年來，朱莉一直夢想當媽媽。花了幾個月的努力，終於懷孕了，她感到興奮、感恩，但又有點想吐。懷孕初期的某次產檢，她和丈夫聽到篩檢結果正常，十分寬慰。但醫生問道：「妳想知道寶寶的性別嗎？」朱莉還沒跟丈夫談過，要不要提前得知寶寶是男是女，但他們四目交接，達成共識：「當然啦，請說。」結果醫生微笑道：「恭喜你們就要有個男寶寶了！」朱莉的丈夫開懷而笑，但她卻覺得一顆心不停下沉。朱莉一直想像是個小女孩，她覺得這個夢想愈來愈渺茫。我怎麼了？她自問。寶寶很健康，先生很開心，我卻只能感受到沒生女孩的失望嗎？她擠出一個微笑，但當她收拾東西離開診間時，心裡只想到：我是個糟糕的人嗎？我會愛我兒子嗎？一切都進展順利，但朱莉感到天旋地轉，陷入她最深沉的恐懼：變成壞媽媽。

當然，朱莉不是個壞媽媽。她愛她的兒子，一旦寶寶出世，她會說，除了寶寶，她無法想像自己抱著任何其他的孩子。但這次懷孕或生產也不會是她唯一一次百感交集——對寶寶，也對自己，還有對於她選擇成為母親的感受。朱莉跟許多母親一樣，覺得這些矛盾情緒是警訊。朱莉以為，只要沒能感受到快樂與滿足，那代表有些不對勁了。但實情絕非如此。

期望寶寶能帶來終極幸福，這不切實際，而且很危險。我們的文化塑造了這種當媽媽的故事：毫無懷疑，一切如此肯定，沒有苦只有樂。這個迷思戕害所有女性的心理健康。現在該重新看待懷孕，並讓育兒這件事回歸現實。

當媽媽只會帶來快樂？

我們是孕產精神科醫師，專精於女性在懷孕前、孕期和產後的情緒導航。我們每天聽到許多故事，知道多數孕婦和新手媽媽都面臨壓力，因為她們內心常有複雜情緒交戰，但外在又得表現出輕鬆自在的形象。

即使有人這輩子最大願望就是當媽媽，這願望實現的那一刻，還是有許多女性覺得自我開始模糊，徘徊在過去的身分以及自認目前應該在的位置之間。而且我們有很多患者說，只有在治療師的辦公室裡，她們才有辦法誠實看待己身的矛盾情緒，我們也知道有太多女性害怕遭到批判，擔心被貼上「不知足的壞媽媽」的標籤，因此羞於公開談論這些內心掙扎。對多數女性來說，這些經驗本身不是問題，真正的問題在於圍繞這些經驗的羞恥感與沉默。

許多女性告訴我們，這些衝突和迷惑的情緒升起，代表她們患上了精神疾病。的確，有些女性需要專業介入。但隨著時間推移，我們會看到大多數孕婦和新手媽媽都經歷了擺盪在幸福和憂鬱之間的情緒變化。什麼都比不上當媽媽來得重要，這話有好有壞——因為整件事遠比二分法還複雜。

社會集體似乎聚焦在「幸福的迷思」：當媽媽只會帶來快樂。但每個母親都有心情矛盾的時刻，因為她總是擺盪在施與受之間。這些隱微的感受極少得到公開探討，許多女性都覺得這些掙扎是自己的問題。

孕育一個新的妳

當女性自身的經驗不符合這個幸福敘事，她們很可能心生戒備，對自身經驗避而不談，不願告訴家人和朋友這些不甚光彩的母性時刻，更不會在社交媒體揭露。於是她們的故事被推向內在更底層的位置，不為人知，於是這種循環周而復始。

很多患者告訴我們，她們從沒聽說別人當媽媽曾經碰到悲傷或掙扎的經過。當像是流產、餵母奶、家人和伴侶爭執，這類其實常見的狀況發生在她們身上時，她們感到失落甚至震驚。我們一次又一次聽到患者說，「為什麼沒人告訴我狀況會是這樣？」

當然，我們都以為自己清楚懷孕會帶來的一長串變化——體重增加、腳踝腫脹、妳必須一直跑廁所、妳的器官會移位以便適應寶寶在體內成長——但現實變化往往更激烈、更抽象。懷孕是人體會到最具轉化性的經歷之一，這巨大變化絕不僅限於肉身。懷孕時，妳已明白跟隨自己多年的身體即將徹底改變，不知名的荷爾蒙在妳的血管中流淌。同時，妳在家裡的角色也會改變——不論是跟伴侶還是父母的關係——社會看待妳的方式也不一樣了。這是個充滿挑戰的旅程，但旅遊指南卻非常稀少。

大部分談到懷孕的書都只談好的懷孕，就是那些目標是生下健康嬰兒的懷孕。給新手媽媽的多數建議則集中在如何照顧嬰兒，這個突然歸妳負責，陌生又脆弱的新生物。當然，女性需要這些資訊。但懷孕不僅僅是生下寶寶，也同時是孕育一個新的妳的過程。而這種生產可未必輕鬆，也極少是水到渠成。

被完美母親形象籠罩

我們都看過雜誌或ＩＧ上的孕婦，或產後超級媽媽的模樣：聰明有效率，美麗而低調，身兼數職，在產房裡散發母性光芒，碰到乳房漏奶、髒衣服、睡眠訓練的跳戰、囉唆的婆婆、壞脾氣的伴侶，她都能微笑打發。她的屋子總是乾淨，頭髮永遠完美，而且她在卸貨幾週後就能穿進緊身牛仔褲。

或許妳心中完美母親的形象是另一種。也許她是幹練的職業婦女，在公事與家庭生活之間遊刃有餘，舉重若輕。也可能她是個接地氣的大地之母，迎接日出做瑜伽，為家人準備有機餐點而且每樣都親自製作。也許她看起來像妳的母親；也許與妳母親完全相反。無論她是誰，她都完美無瑕——因此也是無法企及的理想。這就是為什麼兒科醫生、精神分析師唐諾・溫尼考特（Donald Winnicott）定義的「媽媽夠好就可以」如此重要，但對我們許多人來說感覺不保險——這聽來等於不求長進。「完美母親」的形象籠罩我們，即使我們心知，追求完美放在生活的其他面向，只會帶來失敗。

為什麼沒有人告訴我這種狀況？好吧，我們現在就告訴妳。妳不必去找精神科醫生來學習懷孕和早期母職會如何影響妳的情緒等具體細節。這些訊息應該得到公開討論，並隨時作為孕期須知的建議。多年來我們對上千名女性重複這些資訊，於是決定冒著失業的風險，寫成這本書。

面對各種變化

這本書會敘述成為母親時會發生的各種變化，像是情緒、荷爾蒙、腦化學、身分認同，以及人際關係。我們會依照時間順序，一一解釋最關鍵的幾個時刻，從驗孕結果到寶寶誕生後的第一年，並提供詳盡說明與實用建議。

本書會探討如何將懷孕消息告知有生育問題的朋友，以及如何應對陌生人可能雞婆給妳過多的建議。我們也會討論為什麼有些夫妻的性生活停滯，或在懷孕期間產生摩擦，以及築巢本能背後的進化生物學理論。讀者會了解記憶如何形塑生產經驗，以及剛開始與寶寶相處最常見的反應。

透過我們曾諮商的女性案例，本書會分享母職是跨越世代的：無論如何，妳的母性身分都是以自己母親的風格為基礎，而妳母親則來自外婆。當妳在養育孩子的過程中重新經驗自己的童年，妳會學到該注意些什麼，重複好的經驗，同時試圖改善，讓自己做得更好。

本書也會提到競爭議題：妳的朋友和家人，甚至妳的配偶或伴侶，都將與寶寶一同爭取妳的注意力。母職本身也會瓜分妳的時間、精力和資源，於是生活相關的飲食、運動、娛樂、整理規畫、性事，還有工作都受影響。我們會探討如何適應角色轉變，以及與所有人、地點，以及與自己的關係變化。

本書還會告訴讀者，如何看待依戀以及理解孩子的氣質，並提供建議讓妳知道如何探索各種兒童照護方式間的關係。在附錄中，我們會討論如何降低產後憂鬱和焦慮的風險，如何知道自己是否患了這些症狀，和懷孕和哺乳期間用藥安全背後的科學。

整體來說，本書是幫助孕婦和新手媽媽照顧自己的指南，這段時期是所謂「為人母期」（matrescence）。妳可以試著大聲唸出來：「為人母期」。聽起來像是青春期，這個發育階段的論述已經相當完備，同樣是身體發生變化而荷爾蒙激增的階段。大家都知道青春期是個尷尬的階段。但在初為人母期，大家會期望妳看起來開心幸福，然而妳對自己的外表、感受，以及與周遭每個人關係都失去掌控。本書就是要幫助妳看穿這些期望背後的真相。

多一點提醒

我們的研究放在女性荷爾蒙，本書主要針對已懷孕的女性。但這並不表示排除其他性別或家庭結構。本書適用於異性與同性伴侶，還有順性別與變性者，單身和離婚，以及已婚或未婚的雙親。我們會討論陰道生產、剖腹、試管嬰兒和卵子捐贈。我們希望透過代理孕母、收養和更多其他途徑成為母親的讀者，從產後相關章節得到收穫。讀者也可以在附錄中查詢其他補充資料及推薦。

書中的許多建議都是針對新手媽媽。但每個再度懷孕的母親都很清楚，每次懷孕和育兒都是截然不同的經驗。如果妳已經當了媽媽，正懷著第二胎或帶養老二，我們相信妳依舊能在書中發現許多有用的建議。

當然父親和伴侶的心理歷程也值得單獨寫一本書，本書也可能幫助到不同角色的照顧者，特別是能讓妳一窺伴侶在孕期或產後所經歷的一切。

書中的患者故事來自我們三十年來碰到的女性及其故事。為了保護隱私，書中引用的說法並非針對任何特定患者，而是我們回想過去一再聽到的故事，而且也想出了一體通用或具指標性的經驗和建議，希望提供多數讀者參考。

最後要強調，本書不能取代適當的專業醫療照顧。如果讀者遭遇極大痛苦，符合精神疾病或其他醫學疾病標準。請參閱我們的附錄，查詢我們推薦的社群和工具，也可在社交媒體找到我們，幫助我們將本書開啟的討論推向更完善的境界。

第一章

第一孕期

—— 天啊，我懷孕了

有個流傳已久的玩笑話：妳不可能「算是」懷孕；這是個瞬間發生的一種生物經驗，而生活將完全改觀。乳房脹痛和月經沒來會給妳一點提示，但要等到驗孕後才能確定。在等待結果的那幾分鐘裡，妳可能會感到脆弱、震顫、興奮或百味雜陳。驗孕的陽性反應宛如來自另一個星系的流星，穿透妳精神心智的太陽系，帶著一則訊息：妳體內即將孕育人形。這個提醒標示著兩個開端：寶寶生命的起源，以及身為人母的新生活。妳可能已經受孕數天或甚至幾星期了，卻一無所知。不過妳一旦得知這個消息，每件事都有了新的樣貌。

如果妳喜出望外，請好好享受此刻。妳的腦海播放多年的電影劇情，終於出現勝利場景，而妳就是女主角。特別是妳如果已經看了好幾個月（或好幾年）的陰性妊娠結果，此刻甚至會覺得自己終於逃出升天。

另一方面，這則消息可能得消化一段時間，才會逐漸具體。而這中間又還沒什麼懷孕感覺，可能不太踏實，特別是如果發現得早，身體尚未出現明顯的身體變化，感覺不夠真切。更超現實的是，這有如分水嶺的時刻，發生在尋常不過的某一天；準備要跟朋友午餐，但沒準備好要公布喜訊，妳可能也還有事要忙，還得回到原來的工作崗位。

驗孕的陽性反應

不論妳已經花了多少時間想像這一刻，得知驗孕的陽性反應，此刻的體會或許與設想中仍有出入。即使妳在理智上感到興奮，但心理上或許沒那麼喜氣洋洋。這層興奮可能要稍等一下，才會慢慢發酵；或許妳無意識的一點一點釋放情緒以免過度反應。尤其是之前曾經流產，或生命中曾經歷創傷事件，妳可能需要多點時間放下防禦心。而且，如果妳不想這麼快（或根本不打算）懷孕，則可能需要時間接受這個事實，做幾個艱難的決定，最後才會覺得這其實是喜訊。

也可能是，某次一夜情讓妳受孕，而妳從沒想過會當上單親媽媽，但現在妳考慮留住寶寶。也許妳結婚了，但打算先經營事業再計劃生育。也許妳六個月後就要舉行婚禮，禮服已經訂作完成。也許妳已是兩個孩子的媽，覺得自己太老，沒力氣帶第三個。也許妳多年來為不孕症所苦，已計劃找代理孕母（沒錯，這是個真實故事）。妳目前的狀態與設想成為母親的理想狀態脫鉤，這可能帶來各種啼笑皆非，然而我們一次又一次看到的是，最初的反應可不代表未來妳當媽媽的體會。

即使懷孕在計畫之中，許多女性也會感到恐慌。恐慌和興奮往往交錯難辨——生理反應都是心跳加速，妳需要一點時間才能弄清——這屬於開心還是喪氣。但純粹的恐慌很容易理解，因為事實如此簡單明瞭：一切都不一樣了。恐慌——連結到我們面臨危機時身體出現「戰或逃」的反應。心跳急促是進化策略的一部分，壓力荷爾蒙升高，符合人類祖先在大草原上躲避獵食者追捕的能量需求。妳得知自己懷孕時會感到恐慌，這是人性的自然反應，因為妳的身體結構和心理情感的完整性，即將受到長遠影響。就算妳擁抱改變，但妳的生活正面臨「警訊」——從時間管理，以及社會和財務生活各方面來看，都是如此。

相信自己的感受

生養寶寶從來沒有所謂的完美時間點，也沒有誰是充分準備好的（即使他們自認做了萬全準備）——記得這點會有幫助。妳得大膽相信自己，不論體力或能力都足以經歷這個大考驗，如果妳有伴侶，也得相信妳們的關係會挺過這個巨變。誰都會恐慌，因為妳不確定自己能辦到，也可能妳還不大願意生小孩。不過依據我們的經驗，最後妳真正成為母親的體會，都與此時的感受無關。

當然，許多婦女選擇終止妊娠，背後各有屬於她們的理由。我們與許多尋求協助的女性一起探索她們對於要否繼續懷孕的內在矛盾；有些人決定不要懷孕，有些人克服最初的恐懼而做了不同的選擇。相信自己的感受很重要，但這需要時間深入挖掘，需要與妳的伴侶、妳信賴的朋友或專業人士長談，才能找出最適合妳的方式。

我們有位患者不小心懷孕，但又同樣「不小心」錯過幾次約好要終止妊娠的時間。經過數次深入治療與諮商，她逐漸明白自己確實想當媽媽，但又擔心自己過於自私而當不成好媽媽。她看到自己的恐懼與過往對母親的憤怒糾葛難分，因為她的母親的確自私，冷待、漠視她的需求。而她對於她只想保護自己，感到內疚，也擔心自己注定延續母親的錯誤。但這些令人痛苦而困惑的傷口，在經過處理之後，加上我們也討論了如何維持她的社交與工作，避免對未來的寶寶造成傷害，這位患者決定留住寶寶。幾年後的今天，她擁有一名活潑可愛的女兒，也是我們看過最知足快樂的媽媽。隨著時間過去，她找到了方法，在傾聽直覺、保護自己的同時，也成為充滿愛的母親。

另一半會怎麼說？

如果妳有伴侶，而懷孕又是計畫中的事，那麼頭一個要揭露喜訊的對象可能就是另一半了；對某些女性來說，這十分順理成章。妳先生或許計劃跟妳迎接寶寶，跟妳一起在浴室裡等待，祈禱驗孕棒出現陽性反應，準備大喊「我們有了！」妳的伴侶可能要妳等他開完會回家，一起打電話給醫生，了解妳的檢查結果。又或者，即便懷孕出乎妳意料，第一個接到妳電話通知的人也可能會是妳男友。

然而，告訴誰、何時說、怎麼說，每個女人的狀況都不一樣，視個人風格和人際關係而定。有些女性習慣找其他女性討論「女生的事」，小至抱怨經期，大至詢問性愛相關的問題；跟母親、妹妹或閨蜜宣布懷孕的消息，感覺像是多年來討論「女生的事」的延伸版本。這也可能是個比較中立的空間，適合思考這個訊息，特別是妳本來沒打算懷孕，或是還不確定自己的感覺。第二順位才告訴伴侶，並沒有錯，但可能要考慮伴侶是否會感到受傷，或自覺隱私受到侵犯。

建立家庭的開端

不論妳以什麼方式告訴伴侶這個消息，請理解他會跟妳一樣，心情是波濤洶湧、百味雜陳。而兩人情緒反應不同步，也是很常見的；其中一人可能想大肆慶祝，而另一人滿腦子只想到流產的風險。也可能兩個人都嚇壞了，妳的伴侶可能因此想等幾週後，再公布這個消息，但妳卻迫不及待打給最好的朋友。找到雙方都能接受的方式，有助於交流兩人在處理態度與支持系統上的歧異。

不要只告知伴侶妳想做什麼，也要試著解釋原因。例如，如果妳總是什麼都告訴姊姊、父母或閨蜜（包括妳一直還沒與伴侶分享的祕密），而當伴侶要求妳先不要告訴他們懷孕這件事，妳會怎麼做？妳如何平衡對伴侶、最親密的朋友，還有對自己的義務？

我們有位患者在婚姻生活裡逐漸發現，對丈夫傾訴煩惱會讓他神經緊繃。於是她對先生透露妊娠測試出現陽性反應的消息後，也告訴他，她希望跟最好的朋友聊聊。她告訴我們：「剛開始先生覺得，這麼早就告訴其他人我懷孕了，會讓他非常焦慮。他希望在頭一兩個月內先保持祕密。我的反應是抗議：『這是我的身體，你沒有權力告訴我該怎麼講這件事！』但是經過一番思索，我意識到這層憤怒來自我按捺不住自己的壓力。

於是我告訴他：『我愛你，但我倆都知道我需要發洩，但是發洩會讓你抓狂。』只要我能平靜下來，就能向他解釋，喪失與好友的溝通管道，等於是把壓力轉嫁給我，還有我們的婚姻。他也懂得我並沒有侵犯他的隱私，也不是重視好友而忽視他，我只是需要徹底利用自己的支持系統。而我也要他知道，我相信好友會嚴守祕密。」

我們建議妳跟伴侶針對懷孕這件事的第一次對話，要當作是兩人建立核心家庭的真正開端：現在，你們不只是一對夫妻，而且還是父母，而你們的其他關係——即便是親如父母、兄弟姊妹，還有最好的朋友，都必須改變了。妳與另一半或許從浪漫、親密或驚嚇的角度來經歷這種轉變；不管你們在一起多久，這樣的時刻是前所未有的，而且你們都不會讀心術，務必放慢速度，花多一些時間、安靜的討論，也許要花上幾天分段談談，而且真正聽進對方的意見。

完整表達期望

有時，妳會發現另一半看待懷孕的態度與妳不同。他可能情感上毫無回應，或完全拒絕溝通。女人可能面臨最痛苦的情況之一，就是伴侶無法（或拒絕）主動承擔父親的角色，並罔顧她的意願，敦促她進行墮胎。如果妳發現自己面臨這種處境，而伴侶也願意的話，與心理師進行伴侶諮商有助表達和解決妳的疑慮。即便兩人決定分開，但依舊想持續懷孕，伴侶治療也能幫助妳完整表達自己的期望，這對日後共同育兒也有好處。

另外，我們有位患者提出這樣的建議——她與剛約會不久的男子懷了寶寶，於是跟那人好好談開：「妳愈是清楚自己想要什麼，找他討論才更有意義。我很明白自己無論如何都要留住寶寶，儘管我不確定這段關係的未來發展。後來顯然我們並不合拍。我告訴他，我會全權負責撫養孩子。我喜歡懷孕，而他不能實際參與也無所謂。我只是意識到，無論我需要什麼，都必須自己爭取。當我度過糟糕的一天，我只想提醒自己，我實在很幸運，因為我要當媽媽了。」

如果妳發現自己可能不得不當單親媽媽，那麼盡早告訴家人與朋友，這非常重要，如此一來，妳就能著手開始建立支援自己的社群。僅僅因為妳情感上欠缺伴侶，不代表妳必須感到孤獨。

了解更多

給單親孕媽咪的悄悄話

獨自面對懷孕，沒有伴侶在旁，可能讓人驚慌或感到解脫，也可能是介於兩者之間，端看妳個人情況而定。妳大約也能想到，我們碰過的單親媽媽們，每個都有各自的經驗與不同狀況。如果妳的伴侶過世，或妳不打算與寶寶的父親有瓜葛，又或者妳的伴侶不想涉入，也可能妳本來就計劃當單親媽媽，妳的壓力源與喜悅感受都不會一樣。

如果妳發現自己「嫉羨」其他夫妻，心生怨憤，我們建議妳記得這一點：每段關係都有其挑戰。獨力撫養寶寶儘管辛苦，但卻能省去教養上共同決策的麻煩，特別是當伴侶是個豬隊友，或不夠格當父母。

這並不是說妳不能有悲傷和憤怒的感受。正如有位患者告訴我們：「有時凌晨兩點，我一個人，會真的很氣寶寶的父親。我爸爸是隨時隨地回應我的需求，而我女兒竟然享受不到，這層體會真讓人心酸。」

我們鼓勵妳盡量不要讓這些情緒以及失望，侵蝕到妳對懷孕這件事的感恩。正如有位選擇成為單親媽媽的患者所分享的：「我的母親去世後，我意識到，即便我還沒有伴侶關係，我也不想放棄當媽媽的機會。我想我一直都清楚我想要小孩，而且我不想等到有了伴侶才能當母親。我是個主動出擊的人，所以懷孕就像在我的待辦事項上勾選的大事之一，這給我無比的活力與成就感，我覺得能完全掌控自己的生活。」

建立支援社群

儘管妳少了傳統定義的伴侶關係，也不代表妳只能孤軍奮戰。重要的是在懷孕期間，著手找出可以求助的家人和朋友。我們有患者如此建議：「妳需要一個包含家人、朋友以及同事組成的支援社群，於是我便不感到孤單，我決定選擇一個當媽媽的朋友，當作諮詢對象。我信任她和她的教養方式，太多來自各方的建議反而沒有幫助。」

妳的支持社群可能包括交情夠久的朋友和家人，還包括範圍更廣的新人際關係，像是當地單親媽媽社群或線上虛擬村落。在懷孕期間，開始思考協商育兒以及其他財務和後勤的安排，這非常重要。有位患者說：「擁有同樣是單親媽媽的朋友是關鍵。我看著這些朋友，想說如果他們辦得到，我也可以辦到。我們也互相幫忙帶小孩──身為單親媽媽，妳依舊需要社交生活。」

身為單親媽媽，妳得權充自己的靈魂伴侶，扮演另一半的親職角色。想像一下妳要給孩子的環境，弄清楚要如何自己一手打造。我們有位患者分享了這個策略：「妳要知道，就算只有妳自己，也能給孩子一個平和寧靜的氛圍。生孩子，往往是一個重新了解自己的過程。當妳獨自一人，身邊少了雙眼睛看著，有時妳會以為自己可能惡習復發，所以請當好自己的伴侶，看好妳自己。另一位單親媽媽告訴我，她假裝有個監視鏡頭在旁邊，為了確保自己和孩子在一起時能盡心盡力。」

當爸媽變成外祖父母

很多爸媽聽到自己要升級成祖父母時，都會很開心，但僅僅因為爸媽開心，可不表示他們的反應不會牽扯到其他層面。他們的喜悅往往包括了分享妳的快樂，以及自身人生目標的達成——如果他們認為孩子繁衍下一代，表示家庭更圓滿了。如果妳父母的生活腳步已逐漸放慢，那麼可愛的寶寶或許是個值得期待的未來；他們可透過外祖父母這個角色獲得新的身分認同，讓生活動起來，跟朋友有話題。

爸媽為妳感到開心，其中或許夾雜了他們自己的成就感，但如果他們把懷孕當作是自己的事，忘了要當媽媽的是妳，這就會是個挑戰。不論妳年紀多大，妳依舊是父母的孩子，因此現在妳要當媽媽了，父母難免會因為角色轉變而有些難以適應。

妳可能會注意到，爸媽要適應自己在家裡退居「第二線」，讓妳把伴侶和寶寶的關係放在「第一位」，其實會感到難受。因此妳的父母可能有意無意間做了很多計畫，讓自己忙東忙西，藉此感受自我價值與創造力。有位患者告訴我們，她懷孕時，父母決定搬到退休社區，由於地點較遠，而且他們忙著布置新家，愈來愈難見面。如果妳注意到爸媽似乎毫無理由的疏離，可能得直接請求他們參與。他們可能會試圖讓開、避免礙事，以免自覺不受歡迎或多管閒事。

有些父母可能有時過度干涉、有時又撒手不管，特別是他們對承擔從旁支持的外祖父母角色拿捏不定。改善溝通或許會有用，但在許多家庭中，數十年來累積的傷害或脆弱的架構，可能盤根錯節，以至於大家都很難把話說出來，癒合過往傷痛。

懷孕為生活定錨，寶寶出世也是生生不息、時間流逝的一環。有些準外婆認為新身分代表自己已經「老了」。如果妳的母親對自己外婆印象是皺紋滿面、一頭白髮、行動遲緩，她可能不願把自己放在那個影像，也有可能堅持妳的孩子不能叫她「外婆」或「阿嬤」，而是要用別的暱稱取代。妳或許會把母親的反應當作虛榮或無聊——無論她是否喜歡，都還是會成為外婆。

那麼告訴父親會是什麼情形？他也許喜出望外、全心支持，又不會緊迫盯人。或者，他可能會覺得妳正慢慢「離開」他以及你們的家，而且他表達的方式出乎妳意料。如果他為妳的事業引以為傲，可能會說妳為了孩子放棄了更上層樓的企圖心。也或者，如果妳打算回去上班，他會認為妳該待在家裡陪小孩。妳可以聆聽但不作回應或認同，維持雙方和平關係就好，妳也可能會冒險嘗試解釋這些建議給妳的感受，並說明妳對生育的計畫自有其道理。

母女關係的新挑戰

從我們對患者的觀察來看，當妳從女兒身分轉移到人母時，這種輩份轉變最容易造成母女關係摩擦。妳或許沒意識到自己的雙重職責——一是準備當媽媽，二是告別了妳母親在母權的最高位置。不管妳與母親的關係有多緊密，這個調整常帶來不少挑戰。

在妳逐漸熟悉新身分的同時，妳與母親也正重新調整妳們的母女關係。如果妳們習慣在所有事情取得共識，那麼新生的歧見可能令人緊張。最理想是妳們探討這層緊繃並消除溝通上的障礙。妳的母親可能以為主動提供建議代表她對妳的愛，妳可能得解釋這種狀況讓妳感覺被控制。母親也可能把妳的自作主張看作是拒絕她的好意，而妳可能必須解釋，這是妳獲得自信的過程。如果妳沒有說出來，母親甚至會感到受傷，或是覺得妳跟伴侶的決定是將她排除在外。

有位患者告訴我們：「我母親對自己要如何參與我的懷孕有很多預設──她會問我跟醫生下次何時碰面，然後記在行事曆上，準備要一起來。我們很親密，但我希望是先生跟我一起去，我也知道我先生不想時時刻刻都與岳母分享。我不得不費力跟母親溝通解釋，盡量溫和地表達我的需求。起先她很受傷，但我會傳給她超音波的照片，每次約診後跟她說明進度，最後她覺得自己很受重視。我只是希望她按照我的方式參與這件事。」

了解更多

如果無法與母親分享喜訊

不論母親過世、生病，還是情感疏離，或甚至不知行蹤，母親缺席的事實，在妳懷孕的此刻，可能會觸發另一波心中劇痛。如果情感上妳不再渴望母親，或已經能處理這種失落，那麼這新的悲痛可能讓妳困惑，也或者妳也找不出源頭。即便妳以為自己早就放下「母親議題」，這樣強烈的情緒也可能將妳帶回這層悲痛的起點；我們發現，就算少了母親，妳也把自己照顧得不錯，但懷孕和母職的新身分，還是會帶來意想不到的回憶和渴望。

如果妳被收養，生育這回事自然讓人聯想到素未謀面的生母，如果妳知道母親下落，但不再與她聯絡，或許會為了欠缺和諧的母女關係而難過，但少了母親干預，也讓人鬆一口氣，接著妳可能會對這種反應感到內疚。

把不在場的人想得過於美好是很容易的。想像自己的母親會如何支持每個育兒決定，隨時願意照顧寶寶，這感覺暖心。但現實總是更加複雜。母親也是人，跟其他媽媽一樣有缺點。

此時此刻沒有母親陪著，心裡覺得委屈不平，這很正常。多數女性寧願母親在身邊，不管怎樣都好。為了這個欠缺感到悲傷憤怒也毫無問題。這些負面情緒不會傷害寶寶，也不會損及妳與寶寶的關係。請記住，僅僅因為母親不在場，並不代表妳不能帶著母親的傳承並進入母職這個身分。妳或許想寫下或記錄妳對母親的回憶與照片，以便日後與孩子分享。

如果過去妳跟母親衝突而沒再聯絡，現在或許會想重新聯繫。有時小孩可以是個起頭，但未必能療癒舊傷或抹去問題。如果母親重新出現會帶來混亂和痛苦，妳可能需要再次切斷關係，不管這有多麼痛苦，起碼妳能稍微安心，因為妳知道自己已盡力修補關係。

積極尋求心理支持

無母的女性，幾乎都能受到生活裡其他扮演母職的長輩照顧，並且從中受益。如果這角色是妳母親的朋友或是妳的長輩親戚，他們或許能分享妳跟媽媽的特殊回憶，也或許還可以支持妳的生育過程。但有時候，扮演最重要的養育支持角色，未必跟妳的生母有任何關係，這些女性或長輩不一定跟妳有親戚關係，重要的是他們會在妳需要時提供安慰。

切記：想要或需要一個母親般的存在，不代表妳是過度需索或是可悲的，感受被一個新母親所接受，可能有助於未來的新關係，作為甜蜜與慶幸的開始。在網路上連結其他早年喪母的媽媽們或透過支援團體當面協助，會有所幫助。妳也可以考慮個人諮商或心理治療來獲得支持，以處理所有未能自己處理的感受。

婆媳關係的轉變

當妳告訴公婆這個喜訊，或許會注意到他們與妳的連結強度出現變化。這個消息可能會強化妳們的關係，鞏固妳與他們的連結，但如果公婆對這個消息的反應，主要集中在他們自己的感受和幻想，也別感到驚訝。

妳的公公可能突然好奇妳要吃什麼晚餐，因為妳正在餵養他期待已久的孫子（也就是說，妳未來的寶寶是他的期望）。如果婆婆沒有女兒，那麼她可能希望妳跟母親分享的懷孕細節，也全都告訴她，這可能讓妳相當感動，渴望深化婆媳關係，但也可能會覺得透不過氣。

如果妳覺得公婆太多事，但又不好意思拒人千里，這是尋求伴侶協助溝通的好時機。就算懷孕的是妳，但公婆是妳伴侶的爸媽，妳不必獨自承擔他們的要求。如果妳現在開始設定清晰的界線，那麼寶寶出生時，這個界線會十分穩固，而且大家也都能接受。

手足的反應

不論妳是否是妳的兄弟姊妹中第一個懷孕的，宣布喜訊都會影響你們之間既有的互動關係。如果你們過去一直處不來，此時妳可能希望懷孕的消息，會提升你們之間的關係，但如果這原有的相處模式並未因此消散，妳可能會失望。我們鼓勵妳對兄弟姊妹的反應保持耐心。這個重大消息有時會導致兄弟姊妹退化到更孩子氣的狀態，觸發舊的行為模式。

也許妳妹妹正忙著準備她自己的大事，也分散了家人的注意，她忙著準備妳的伴娘禮服試裝，因為在她舉行婚禮時妳正好懷孕。也許姊姊非常支持妳，而她自己有生育問題，妳問她是否難過，她回妳「別傻了」。也許妳弟弟慣性心不在焉，沒有回覆妳的電話，妳還得傳簡訊分享這個喜訊，於是妳覺得受到冷落。

即便妳對兄弟姊妹的行為已見怪不怪，還是有可能會希望他們做出別種回應。請記住，妳的兄弟姊妹還有九個月的時間來習慣，一旦大家覺得寶寶的存在感更真實後，這些叔伯阿姨可能會更加進入狀況。但同時，也別太期待那些數十年的舊相處模式，會在妳一次懷孕期間全部改掉。這跟外祖父母的例子一樣，妳得理解兄弟姊妹目前的心態，不管他們有多麼不進入狀況。

解題練習

分享喜訊前先問問自己

在第一孕期，多數有關是否要告知家人朋友的考量，都和流產的考量有關，因此許多女性決定保密，直到度過這段高風險時期再作分享，如果妳有特定狀況，醫生可能也會提供更多建議。這並沒有明確的規則，但我們會鼓勵所有想在頭三個月公布喜訊的患者，先思考下列幾個問題：

- **我要考慮告訴所有人我懷孕的消息嗎？如果流產的話，也可以告訴別人嗎？**

- 我是否只要能跟周圍支持我的人保持連結，就能感到安心？所以即便目前流產風險較高，我還是希望我愛的人都能支持我，特別是萬一流產的時候？
- 伴侶會怎麼看待如果我把消息告訴某人？
- 如果我的伴侶想保密，這是否對我們的關係有好處，也能為我們未來的家庭設定界線？
- 如果我告訴某人，他能保密嗎？還是他會多嘴透露給其他家人、朋友或同事？
- 我可能想跟同事解釋我為何總覺疲倦、不喝酒、老是跑廁所，但這麼早公諸於世是否損及我的隱私？或者我可擁有保密的自由，不用非得為自己的身體需求辯護不可？
- 公布喜訊後，我有辦法回答朋友的關切嗎？（妳要搬家嗎？妳要繼續工作嗎？妳要讓寶寶接觸什麼樣的宗教呢？）
- 有哪些人是我不想太早讓他們知道，但要是發生流產，我又需要對方的支持？

童年記憶的反撲

隨著當媽媽的事實愈來愈清晰具體，妳會發現不光是自己與父母的關係出現重整，妳還會重新評估妳對父母的理解，還有他們如何影響妳的生活。如果妳跟自己母親做比較，會是什麼感受？妳是否自覺失敗，並為自己的缺點感到羞恥？妳看到母親的教養方式——是如何讓妳成為今天這樣的女性？還是每次想到便感到悲傷，因為妳看到自己對母親有多失望？

也許小時候眼中的母親是如此完美，她懂得該說的話、該做的事，帶給妳溫暖與安全感。如果妳被這樣的母親帶大，應該感到幸運——妳有個遵循的榜樣。等到寶寶出生，妳可能會抱著哄他睡著，哼著妳以前熟悉安心的搖籃曲安撫寶寶。即便寶寶哭鬧不肯就範，妳也不驚慌，因為照著母親的範例，妳就能前往正確的方向。

這種傳承也有缺點，那就是母親可能給妳完美而難以複製的標準。與其將自己跟這毫無缺陷的回憶比較，不如找機會問問母親，她以前帶妳是什麼樣的狀況。她可能會承認，以前根本毫無頭緒，而且不停質疑自己，不像表面那樣有把握。

也有另一種例子：多數人記得孩提時光的許多片刻，發誓要做得比母親還好。或許是她曾經當朋友的面責備妳；讓妳在學校苦苦等待，成了最後一個被接走的孩子。第一孕期正好能開始檢視為人母的挑戰，也是原諒自己與母親的機會。如果妳產檢大遲到，因為預留時間不夠又碰上大塞車，那麼妳或許能更理解母親的曾有的難處。

還有些時候，妳發現自己的行事與反應居然跟母親如出一轍，像到讓妳悚然一驚。或許是妳動怒並批評伴侶，為了小事跟他發脾氣，而妳也不知道為何自己如此易怒，妳非常火大，甚至氣自己為何要對他生氣。冷靜下來之後，想到自己動怒的原因，或許會發現，剛才的衝突讓妳想起母親曾經如何批評父親。小時候看到父母爭執，妳會非常厭惡並把自己鎖在房裡。那麼，為什麼妳會重複自己曾經如此厭惡的行為呢？

如果妳發現自己重複了童年時感到痛苦的模式，也許妳正面對自己心理上的「盲點」。之所以叫盲點，因為這就像妳從後照鏡看出去，總有些看不到的地方。因此妳沒發現隱藏的危機，於是盲點造成「車禍」。盲點的專有術語是「潛意識衝突」（unconcious conflict）。這些是妳過去未能處理的感受，埋在意識的深層，因為要直視它們實在太艱難。

大腦創造盲點，這是為了抑制某些太過痛苦，而無法回頭檢視的記憶與感受。這能保護妳免於日常情緒傷痕的干擾。這方式挺有用，但生活中會有些事件觸發這個盲點，例如當媽媽這件事，就能讓妳想起自己童年時父母的狀況。

培養觀看的自我

另一個看待盲點的方式，是把盲點當做過去的「入口」。當妳進到這個入口，就會想起孩提時的痛苦經驗，於是忘了客觀看待當下的狀況。因此，在寶寶出生前學著理解自己的盲點，非常重要；而且理想上是要明白盲點如何出現在妳的教養方式裡。

心理學談到如何學著看到自己的盲點，其一是培養「觀看的自我」。這是種超越且旁觀自己的能力（特別是如果妳的行為模式不符自己期望），並且檢視自己的感受。有了「觀看的自我」，就能在自己做出未來會後悔的行為前，先行思考為何會落入這樣的模式。換句話說，這是學著在衝動反應之前，先認知到自己的感受，並徹底了解自己的盲點，即便妳無法全然看清盲點所在，也能事先察覺。

例如，如果妳對所有的產檢都感到焦慮，可以退一步思考，約診過程裡觸動了什麼樣的情緒。妳也許發現自己過度擔心健康，因為（可能）小時候看到母親重病。與其被非理性思考掌控，或是落入毫無益處的控制狂模式，充滿智慧的「觀看的自我」或許會告訴妳：胸口感到緊繃？這是妳碰到醫生總是覺得緊張；妳自覺失去控制就會變得機車挑剔，為何不試著跟伴侶及醫生說明，妳其實很害怕，或光是閉上眼睛，提醒自己，這只是關於過去的感受，此時此刻妳其實非常安全。

妳在妊娠期間的強烈情緒與事後懊悔的行為，或許是找出童年盲點的線索。培養觀看的自我，需要很多自我檢視的工夫，很多人找心理師處理而且效果很好，心理師受過專業訓練，知道如何協助妳找到盲點。在諮商治療時，我們的工作是幫妳認知到這些入口與感受，讓妳避免重複無益的模式與行為。當我們把這些無意識的感受帶到有意識的頭腦裡，就有機會處理感受，並握有更多權力，避免感受左右決定。

流產的風險

從患者告訴我們的——第一孕期常見的情緒困擾，主要源於這個矛盾：一方面為了寶寶健康，孕婦必須遵守新的飲食禁忌；另一方面，醫生會告訴妳，流產的風險在懷孕最初幾週內最高，如果真的流產了，妳也無從預防。心裡要同時平衡這兩件事，其實挺折磨的。

多數女性在妊娠前三個月擺盪於謹慎樂觀和痛苦悲觀。儘管擔心流產完全正常，有些孕婦最終是流產了，但妳就是很可能健康度過孕期。

不是誰的錯

如果妳擔心做了什麼導致流產的事，或是妳一再想知道懷孕之前多喝了哪些雞尾酒，請務必理解，多數流產不是因為做錯什麼，也不是事前能控制的。早期妊娠的生物學已經演化了數千年，而胚胎具備相當的韌性，特別是在第一孕期，胚胎發育主要受基因影響，而不是環境影響。許多第一孕期流產，是由於基因問題引起──形成胚胎的精子或卵子正好出現隨機突變。這種情況下，胚胎發育的編程就停止了。身體認知到這次妊娠並不健康，於是釋放荷爾蒙，讓這次無法存活的胚胎跟著子宮內膜剝落，在下一次經期排出。這是個生物週期，不是誰的錯。

如果妳曾經流產，那麼這次懷胎過程中，心裡難免回到過去，想到逝去的一切。不論那已經過了多久，妳可能都不願放下防衛，不願讓自己快樂，起碼目前不想。擔心流產也可能牽涉到以前失去的其他事物，例如父母過世，或自己之前的病痛與創傷。或者，妳可能只是個容易想到最糟狀況、企圖掌控後果的人，所以才耽溺在這個思緒，為最壞的結果做打算。

流產的正常反應有很多，但沒有所謂錯的反應。對於某些女性來說，這很痛苦，但不會留下持久的創傷。他們身體康復，準備再次懷孕。有的女性深深感到失落，哀悼尚未降生的寶寶，好像那孩子已經出世。

如果流產，並不表示身體有缺陷，也不代表下次也無法健康懷孕，更不代表妳不能成為母親。責怪自己，或許讓妳對這種難以理解的失落得到暫時的解釋，但從長遠來看，妳還是不會覺得好受。無論妳的經驗如何，重要的是不要跟外界隔絕。如果朋友和家人不了解妳對這次懷孕的反應，請不要因此批判他們（或妳自己）。考慮與相關社群聯繫，它們可以提供妳需要的支持和肯定。

創造健康生活

懷孕讓很多人第一次面對這個事實：不管我們多努力控制，身體依舊不會乖乖聽話。但是，與此同時，健康的行為對維護整體狀態大有幫助，妳可以採取一些具體措施，增加健康懷孕的機會。例如，如果妳遵守醫學建議的體重指南，則可以減少妊娠糖尿病的風險（但如果妳整天喝羽衣甘藍綠拿鐵，還是有可能患妊娠毒血症）。懷孕結果本身就有深不可測的隨機性質，可能感覺就像是個殘酷的玩笑。

妳會拿到一張清單，上面列出不能吃的、要避免的物質，以及要服用的維生素，還有要做的運動，這些規定會重新定位妳絕大部分的生活和行為，以便達成健康的懷孕。這可能讓人如臨大敵，但只是人生中妳第一次嚐到平衡自己需求及家人福祉的滋味。這也是初次體驗身為母親要面對的許多情感糾結之一。

無論妳多麼努力，盡可能維護寶寶健康，但當妳不得不放棄一天結束前的一杯紅酒，難免感受到渴望的啃噬——妳的喜好必須放在體內孕育生命的需求之後。妳可能覺得，放棄第二杯咖啡實在難以專心工作，於是跟醫生討論可接受的調整方案。少了軟起司，可能讓妳忍受九個月的心情煩躁。不要為了這些衝動與渴望感到難過，想要持續自己平常享受生活的方式是很正常的。

並非每條懷孕守則都那麼討厭。對某些女性來說，懷孕是創造更健康生活的強大誘因。畢竟誰不曾想過要規律的運動，吃更健康的食物，或喝更多的水？我們也看到，多年戒菸失敗的孕婦，在一夜之間完全戒除菸癮；很多孕婦突然想多運動、放棄飲酒或增加睡眠，自然而然的採取以前從未想過的新健康習慣。

但這並不表示妳得成為天使；如果妳在受孕那晚多喝了幾杯酒，請記住，這可能是個通則而不是例外——多數婦女是經期沒來才發現自己懷孕了。搜索腦子找出自己過去幾週做了哪些事，這本身就是壓力源。現實情況是，懷孕（起碼在意識上）大都未經計劃，因此這代表許多孕婦直到驗孕顯示陽性結果，才開始服用產前維生素跟其他補充劑。如果妳在第一孕期結束前才發現自己懷孕了，或是擔心自己之前的行為會影響胎兒，則需要請教醫生，讓醫生可以給妳最適切的照顧。這包括生活方式及藥物選擇；如果妳正在服用精神科藥物，在懷孕期間是否繼續服用，是個複雜的問題。我們會在附錄詳細說明。

妊娠有這麼多超出控制的成分，妳很可能特別嚴格對待能控制的部分。但這可能導致毫無折衷、不健康的極端態度——似乎好還要更好。如果妳發現自己特別糾結在沒能做出「健康」的選擇（像是吃披薩沒吃蔬菜，或是孕婦瑜伽課堂上睡了一整節），請記住，整個妊娠結果並非取決於單一行為。

解題練習

過度憂慮時，如何拆解？

我們可以將「擔心」與「焦慮」看作同一件事，都屬於描述情緒的語詞，像是快樂或悲傷，不會當成醫療狀況。「擔心」與「焦慮」都描述了我們碰到不安全或失控的情況和事件，所生出的一般常見反應。但我們也用「焦慮」一詞描述醫療狀況；「臨床焦慮症」（Clinical anxiety，也稱為「焦慮症」）是醫學用語，意指焦慮與擔憂過多，以致影響日常生活行動，而焦慮症應由心理健康專業人員來處理（詳見附錄）。但在日常用語中，「擔心」與「焦慮」只是形容一般（儘管並不好受）的健康情緒。接下來，在本書可以看到我們會交替使用這兩個詞。

有時受困於自己的煩惱與思緒時，我們可以藉由說出來把它們發洩出來。通常這類想法會以問題的形式出現，我們會自問：要是剛才經過工地吸進了粉塵，會造成流產嗎？此時，不要陷入無止境的煩惱，讓擔憂像滾雪球般愈來愈大，妳應該寫下問題，並帶去產檢當面問醫生，或打個電話。妳可能會得到回歸現實的安心確認。我們還要提醒，不要用 Google 搜尋，妳永遠不知道網路消息來源是否可靠，而錯誤的資訊會增加焦慮程度。

要是妳開始思考「萬一」，然後陷入可能性極低的最壞打算時，憂慮很快就成了問題。因為這些最糟狀況往往栩栩如生，感覺像是實實在在的威脅。當某個想法感覺合理或「真實」，但實際上毫無理性可言，就稱為「認知扭曲」。以下有個練習，幫助妳保持理性思考，控制憂慮：

第一步：寫下妳的擔心和對他們的感受。

- 上瑜伽時，睡了一整節課，真是糟透了。
- 我再也沒辦法振作起來。
- 昨天吃了半個披薩，沒吃蔬菜，我要得妊娠糖尿病了，寶寶也會生病。

第二步：看看自己寫下什麼，刪除主觀判斷，重整妳的思路，盡量詳細描述事實。看妳原本寫的內容，可能會發現很多最壞的狀況和災難後果，試著改寫妳的憂慮，但不要把結果想得太極端。

- 我睡了一整節瑜伽課，所以下次可能會比較僵硬，但我可以恢復自己的柔軟度。
- 我昨天吃了半個披薩，沒吃蔬菜。待會可能會胃痛，但明天我會恢復健康飲食。

第三步：挑戰自己，以樂觀角度看待自己的憂慮，考慮一下「錯誤」選擇有可能帶來的好處。同樣寫下來。

- 我睡了一整節瑜伽課，現在覺得充分得到休息了。
- 我吃了半個披薩，好美味。

這個練習的重點是，幫助妳看到任何一個令人悔恨的選擇，都不足以定義或譴責妳。最糟的狀況通常不太可能發生，妳其實可以隨時改變行為。

無法控制的一切

各種要遵守的禁忌與規則會加諸於妳，如果妳天生欠缺自制力，左右為難將可能會搞得妳筋疲力盡。重點是要意識到這狀況會帶來情緒壓力，請確保自己的生活不受影響。儘管這不簡單，但妳還是得接受某種程度的不確定性。我們看過有些女性發明了各種非理性的儀式——例如拔掉微波爐插頭來防止流產，這讓她對無法控制的事物取得一點主導權。

養育一個人並不簡單。如果妳的怪癖或儀式讓生活更容易駕馭，那就依照需要繼續「怪」。怪癖要是影響日常生活，才算是問題。上完廁所洗兩次手沒什麼大不了，但如果妳把手洗到破裂流血，那就是問題了。

懷孕（以及日後成為母親）最大的課題之一，就是妳必須接受可控制和無法控制的一切。如果妳發現自己什麼都想掌控，請記住，遵守規則、做到滴水不漏，不代表結果就完美無缺，這講起來可能挺恐怖，九個月的鐵腕戒備不保證生出健康寶寶──而且妳可能因為綁手綁腳失去生活樂趣，從此焦慮升高、心情低落。

了解更多

孕期的主要激素作用

還記得身體經歷青春期變化時，出現的強烈情感反應嗎？雌激素和黃體素，就像當時撼動妳的激素一樣，再次觸發整個神經系統和身體變化，其他荷爾蒙也在努力創造新的環境，來支持寶寶成長，促成妳成為準媽媽的行為轉變。

每個人對這些變化的反應都不盡相同。妳可能會有晨間孕吐，或者感覺像坐上雲霄飛車，也許妳感覺很棒。也有可能會感到疏離，或者突然發現自己可以極度專注像一道雷射光，聚焦於工作報告或清理冰箱。

這裡會簡單介紹懷孕的主要荷爾蒙，它們的作用以及對妳的影響。請記住，這些荷爾蒙相互作用，因此，妳想要的話，可以把一切變化歸功於（或是怪罪到）它們頭上。

雌激素

這是頭號主角，特別是在第一孕期。雌激素與神經傳導物質（大腦化學物質如血清素和去甲基腎上腺素）相互作用，可能會讓妳心情大好或更壞。隨著雌激素增加，情緒變化會更戲劇化，可能導致情緒波動（這在產後也會發生，因為雌激素水平同樣急劇下滑）。這不是因為雌激素的量，而是體內水平突然變化，導致某些女性經歷情緒波動。

黃體素

這種荷爾蒙可以與雌激素共同合作或逆轉雌激素作用。它會鬆弛血管並導致血壓降低，於是妳可能感到頭輕飄飄或是暈眩；黃體素還會讓妳疲倦愛睏或傷感。

人絨毛膜促性腺荷爾蒙（hCG）

這就是告訴身體已經懷孕的荷爾蒙；驗孕測試是從檢測hCG水平升高來確認。此荷爾蒙和保護懷孕造成晨吐相關。hCG也會在胎盤就位後，刺激黃體素和雌激素的分泌。

催產素

又被稱為愛的荷爾蒙（但複雜得多），催產素刺激親密關係，也因親密關係得到刺激。這意味著它讓妳擁抱伴侶（以及未來的寶寶）；皮膚接觸也可能促成催產素生成更多。這種荷爾蒙會讓妳想睡、敏感，還有易怒。

皮質類固醇

包括皮質醇在內的「壓力荷爾蒙」有很多功能，像是抑制免疫系統。懷孕期間感冒可不是開玩笑的，但身體免疫降低有其充分的理由——嬰兒的DNA有五〇%來自妳（除非妳是借卵懷孕），另五〇%來自讓卵子受精的精子，懷孕時身體會將外來DNA視為威脅，如果免疫系統沒有減弱，身體就會攻擊受精卵。這些荷爾蒙就是造成第一孕期疲倦的主因。

胰島素

身體產生胰島素來分解食物以獲取能量。懷孕時身體對胰島素的作用變得更加敏感，有助於胎盤有效吸收餵養胎兒所需的能量。有時，胰島素水平的波動會導致血糖水平下降，這可能會讓妳放空，感到疲勞與遲鈍。

如果我做過生育治療

光是身體受孕，並不表示情緒上已經排解了不孕帶來的問題。妳的生育治療可能包括好幾個月，甚至幾年的醫療干預，因此妳很難有個毫無芥蒂的新起點。妳可能挨了好幾針，經歷許多侵入檢查，也可能已經循環服用各種藥物而筋疲力盡、反胃或水腫，特別是如果妳經歷了許多次卵子冷凍或體外受精（IVF）。如果妳的活動還受到限制，可能會覺得早在懷孕前就感受到懷孕的箝制。妳已經耗費許多情緒與金錢，甚至在懷孕初期就身心俱疲——這是很多女性要到懷孕後期才有的感受。另一方面，同時妳已經開始處理懷孕帶來的一些情緒挑戰，像是妳或許已接受妳想要用什麼方式懷孕的美夢，和現實並不相符的狀況，來到逐漸接受妳的身體，能做到或不能做到的一切。

進行生育治療並懷上寶寶，會出現各種自然心理反應。有些婦女在第一孕期來到婦產科回診時，已經能放下不孕症的不快經驗，也有人不知該不該慶祝懷孕，或難以感受到快樂。有些婦女要等到第一孕期結束，流產風險降低，才能真正感受到懷孕的喜氣。也有人若是沒到懷裡抱著健康寶寶這一步，都是一直提心吊膽，以為會有壞消息。

來自血緣的擔憂

如果妳是用捐贈者的卵子或精子受孕，可能會擔心自己對寶寶的感受，因為寶寶可能少了妳或伴侶的基因，或根本沒有你們的遺傳。我們要提醒妳，即便妳跟伴侶是以傳統方式受孕，毫無外來干預，也無法保證嬰兒有哪部分會跟你們類似。生物學並不保證妳會把伴侶的冷靜或綠色眼珠傳給寶寶。基因可以帶來血緣關係，但卻不能構成家庭。

有些媽媽覺得使用捐贈卵或精子不太符合自然，以後養育寶寶會感到自卑，我們建議這些媽媽講出自己的幻想（和恐懼）。先別管生物遺傳、教養這回事，是那一刻沒到，永遠無法知道自己的育兒經歷會是什麼景況。對多數家庭，包括那些沒有求助任何生育治療的人，這道理都一樣。

此外，科學仍然沒完全掌握孩子性格，是來自天生還是靠後天養育。教養靠細心、身教和愛。妳與寶寶的親子關係，遠遠超過血緣定義。如需更多資訊，請參閱我們提供的更多資源。

要是懷了雙胞胎？

利用生殖科技受孕的後果之一，是懷上雙胞胎和多胞胎的機率較高。妳或許預期一次懷上兩個寶寶，甚至再多幾個也有可能。

但如果妳沒碰過生殖科技，卻發現自己懷了雙胞胎，即便妳或伴侶的家族出現過多胞胎，這件事依舊會是個大震撼。妳的第一個念頭可能是：「我們要怎麼照顧他們啊？我們哪養得起？」或「我希望一個就好了，」我們可以保證，妳不是唯一這樣想的。

如果妳的反應不是一般預期的喜悅，請不要感到自責，也不要壓抑自己的情緒。妳並沒有抗拒生寶寶，這層沮喪是因為妳還沒搞清楚該如何應付。很多人對意外消息的反應較負面，即便這可能是個好消息。妳只是需要多點時間吸收消化，適應這新訊息。妳會有時間自我調適，訂出工作與財務計畫，還有找到支援團隊。

多胞胎的母親常擔心自己無法同時與兩個或更多寶寶建立連結，或是無法滿足寶寶們的情感需求。這完全可以理解。即便妳有幫手照顧嬰兒（我們希望妳能找到），也還是很難同時滿足兩個孩子。這可能會讓妳一直感到挫敗，因為沒辦法讓寶寶各分得五〇%的關注。但妳要提醒自己，很多母親照顧一大群孩子（即使他們並非同一時間出生），而且多數家庭都有充沛的愛在成員間流動。愛這個資源是沒有上限的。

吃下定心丸

我們建議妳利用線上或在地的支持團體，以及其他針對多胞胎母親的資源，聯絡到同樣懷有多胞胎的媽媽們。這些團體不僅可以提供支持和陪伴，也可以傳遞很多有用的資訊，從如何有條理的餵養寶寶，到如何讓寶寶們在同一時間入睡。雖然妳不必在頭三個月就為這些特定挑戰擬好計畫，但參考其他媽媽如何解決這些不可能的任務，感覺像吃了定心丸。

醫學上，多胞胎妊娠被視為高危險妊娠。懷著兩個或兩個以上的寶寶，對身體挑戰更大。多胞胎妊娠代表要做更多檢查，更頻繁的上醫院，以及在剖腹以及寶寶出生時，需要其他醫療干預的可能性更高。這樣密集的醫療照護可能讓妳緊繃，但並不表示妳有問題，也不代表寶寶有問題。換個角度會有幫助：妳跟醫療團隊正為最壞狀況做預防，但準備迎接最好的結果。

第二章

第二孕期

——我是真的懷孕了

有些女性直到第二孕期，才逐漸感受到懷孕的興奮，此時超音波顯示的胎兒結構更清楚，而醫生也說此時流產的風險已降到非常低。如果妳在認識新朋友時，比較慢熱，要等到關係確立才會開始熟絡，那麼妳對懷孕這回事的認定，至此也可望慢慢加溫。我們有位患者正是這樣形容：「我之前毫無提防就流產了，受到很沉重的打擊。這次，我等到第二孕期才敢把寶寶叫做『我的孩子』。在第一孕期只講『懷孕』，等到風險降低，我不必再度面對傷逝，這比較保險。」

第二孕期中，妳跟寶寶的連結愈來愈深，而且這連結是同步牽涉到兩個寶寶：一個是妳肚子裡的寶寶，另一個則是妳腦子裡想像的寶寶，我們稱之為寶寶幻象（baby fantasy），他跟妳最終抱在懷裡的寶寶同樣重要，但妳自己明白兩者的差異，這對於安定內心會有幫助。

所有人都會在腦子裡播放著電影一般的偉大希望、願景，也有恐懼，而且很多女生在孩提時代就開始幻想當媽媽，所以妳的想像力已經累積了許多材料。妳以為的懷孕會是怎樣？妳心目中的自己會是怎樣的媽媽？妳怎麼看待自己的孩子？這些年來，如果妳一直沒找到伴，或很難懷孕，也或是用各種方式延遲懷孕，那麼，這些幻想可能會因渴望而加劇。

關照自己的幻想，這能告訴妳許多關於自己是什麼樣的人。妳的幻想也反映出妳從母親和其他女性親戚的經歷裡學到的東西。妳記不記得母親曾告訴妳，養孩子是她生命中最有意義、最有價值的經驗？阿姨或姑姑是否警告妳，有孩子會導致婚姻不諧，千萬要當心？這些故事都進入了妳的想像，塑造妳成為母親的樣貌。

我會愛我的寶寶嗎？

如果妳仔細觀察會發現到，妳所住的社區和文化，以及妳讀的書、觀看的電影和媒體，都影響了妳對母親的想像；也許妳每天早上收看某個早安脫口秀已經超過十年，聽著主持人閒談如何親自照料孩子，也看著主持人的事業起飛，也看到她產後身材，是如何縮回原來的模特兒尺寸。妳把她當成理想標準，希望自己也能跟她一樣，帶著開朗自嘲的幽默感走完這個過程。

或者，妳的幻想可能是對妳眼見母職的反動（而非模仿）；有時妳的幻想可能會是編織一個未來的家庭，用以填補過去欠缺的空洞，將自己轉變成妳一直想要成為的那個人；妳或許想像有了孩子，會讓妳更有自信，像是終於達成了值得自豪的重大事件；妳還可能想像，抱著寶寶讓妳安定平靜，永遠不再孤單；也可能會想像自己的寶寶將會多麼可愛，於是妳和伴侶連開心大笑都來不及了，哪有機會爭吵；也可能想像自己非常忙碌而有效率地照顧孩子，根本沒有餘裕拖延任何事情。

進入新角色的準備

這種把未來設定成光明燦爛的願景，在心理學上稱之為「理想化」（idealization），意指對人生的看法是「一切都好」。理想化存在一定風險，因為對現實生活的感知設定，懷抱不切實際的期望；但只要妳明白，這些是妳希望達成的夢想，那麼理想化其實也沒那麼不健康。理想化所帶來的夢幻感，能從比較趣味的角度，幫助妳在情感上作好進入新角色的準備；對許多人來說，做做幸福的白日夢，總是能感到比較輕鬆舒適，畢竟未來就是未知，而且往往禍福相倚。

妳可以做白日夢或幻想連篇，但盡量避免批判或執著。幻想有時會揭露我們想要或害怕的事物，但無法預測最終結果，也不會顯現我們真正需要，或讓我們快樂的事物；想想妳過去對理想伴侶的幻想──可能根本沒有準確預測妳最終選擇了誰，尚且但願目前的結果差強人意，或說比幻想中的更理想。妳無法在腦海中勾勒親密關係的樣貌，這必須透過與他人分享經驗，才能了解將幻想放到現實生活，會產生何種感受。這道理適用於婚姻，當媽媽也是如此。

記住，懷抱希望的幻想，只是幻想，也就是說，當妳的想像力潛入陰暗負面的場景時，那也只是幻想的一部分。我們有位患者說：「當我想到我懷抱著嬰兒，就感到緊張。如果我毫無頭緒該怎麼辦？我真的會愛我的寶寶嗎？我討厭十幾歲的保母，而且我還是不習慣跟有小孩的朋友相處。萬一每次我聽到寶寶哭就想逃走呢？」這些想像中的噩夢或許令人洩氣，但另一方面又莫名放心，因為這幫妳想像並面對最底層的恐懼，讓妳更有掌控能力。

試著把幻想視為問題，而非答案。幻想是針對自己的願望與關切，帶著創意進行探索；與其說這關聯到妳未來跟寶寶的關係，毋寧說重點其實是妳和妳的過去。特別是這幻想若令人恐懼，請跟伴侶或妳信任的人好好談談，具體描述自己的噩夢，就能劇除噩夢的影響力道——妳會看到，最糟的狀況實際上不太可能成真，或說雖然想像起來是可怕的，但其實不難解決。

每個孩子都是獨一無二

等到「正牌」嬰兒到來，妳已經對幻想嬰兒生出情感——這些感覺可能非常之強，於是當現實與妳的設想不符，妳便感到失落了。比方說，妳可能特別想要男寶寶或女寶寶，我們發現許多孕婦對孩子的性別充滿想像，當然，任誰都是說不論怎樣都愛，只要寶寶健康就好。但這往往是因為他們暗自覺得，承認自己偏好某一性別，等於是不知惜福。

許多女性幻想生個女兒，因為女兒比較容易勾勒出大概輪廓；通常，她們會重現童年回憶，並把這個小女孩想像成自己、自己的密友，或未來最好的朋友。女孩的身體感覺也比較熟悉，像是換尿布、將來必須一同探討青春期，都更容易進入狀況。有些女人可能喜歡幻想與女兒一起逛街，但當試想像和兒子玩耍，就有些焦慮，因為她們「不懂該怎麼當男生」，像是打來打去——這是她們與哥哥互動的印象。

另一方面，會幻想生個小男孩的女性，有可能是與自己弟弟關係融洽；或者是與自己的姊姊或母親之間相互競爭，於是不希望在同性關係裡複製過去經驗。如果她覺得丈夫是個樂天堅強的人，她也可能會想像生個這種性格的兒子，而不是個延續她某些缺點的女兒。

有些幻想生女兒的女性告訴我們，懷了男寶寶，一開始難免覺得失落，但其實養男孩比較輕鬆。這背後原因可能有很多，其中一個可能因素是，妳與孩子之間的身體差異愈明顯，愈容易理解孩子有自己的獨特性，是個獨立的個體。

我們也要請妳記住，生理性別不會決定孩子的興趣與性格。妳的女兒可能喜歡運動、討厭血拚；妳的兒子可能心思細膩，喜歡說出自己的情感。（生理性別也不能決定性別認同或性取向！）當妳的寶寶呱呱落地時，妳了解的一切僅限於他的身體構造，但很快的，除了性別差異，妳還會了解到孩子的怪癖和個性。不論寶寶的性別是否符合妳的期望，他們都會帶來滿滿的驚喜。

決定公布寶寶性別

在第二孕期，妳有機會在寶寶出生前知道他的性別。到底要先知道還是等到出生後，這裡沒有正確答案；最好在醫生當場要妳決定之前，事先思考一下，並與伴侶討論。

提早得知寶寶的性別，有利有弊，以下列表能協助妳和伴侶的思考：

優點

- 在懷孕期間妳可能感到多點掌控權，因為對寶寶又了解了一些——這稍微舒緩神經。
- 知道寶寶的性別，對寶寶的感覺更真實了，或許有助於發展情感上的依戀。
- 對於某些父母來說，這個消息有助於提前決定寶寶衣物的添購，以及嬰兒房的設計。
- 如果寶寶的命名是基於性別，那麼妳有更多時間來想名字。
- 如果這性別與妳的期望不同，妳也有時間消化內心的失落。

缺點

- 如果期望落空，妳就得慢慢消化這個消息。不過，其實妳也有很多其他事情需要關注，比方說看到寶寶健康而喜悅。有位患者說：「我想等到生產再得知性別。因為我知道，如果是男孩，我會愛他，因為他是我的寶寶。我知道他一出生，我就會愛他。但在孕期可能沒有這樣的感受——我會花很多時間想像生個女孩。」
- 如果妳不隱瞞懷孕這件事，但決定不宣布寶寶的性別，那麼壓力或許就來了。

- 妳決定公布寶寶的性別，那就得應付大家的反應與感受。有位患者的婆婆說：「又是生女兒？這個生完妳要不要計劃第三個，給妳老公生個兒子？」
- 妳會錯失寶寶降生時的某些奇蹟感受。
- 得知寶寶的性別，會豐富對他的想像細節，於是寶寶的模樣變得更為鮮明──但如果妳對想像中的未來過於執著，這或許會造成問題。

如果妳與伴侶在這件事出現分歧，我們的建議是互相探討自己的感受，跟他解釋妳為何會有這種感受，然後聽聽他的說法。不要只針對抽象的優缺點進行爭辯，也不要企圖說服伴侶認同妳。通常，我們會建議，讓心裡更苦惱或更緊繃的那一方覺得「贏了」。比方說，準爸爸如果覺得生產那天得知比較驚喜，但孕媽媽卻對未知感到焦慮，而事前得知能讓她鎮定，那麼或許準爸爸就得放棄期望中的驚喜感，以舒緩孕媽媽的恐懼。

而如果雙方都非常堅持己見，那麼把眼光放遠一些，想想孕期中其他需要商討的決定，例如依據美國文化傳統應該思考寶寶要以誰的祖父母命名，或是要幫寶寶取什麼名字，有助於平衡這個狀況。換句話說，選擇妳需要堅持的，確定這對妳的重要性以及其他事項在伴侶心中的份量，再好好來協商出可能性。

妳的孩子不是妳的孩子

育兒的核心任務之一，是正視孩子的本質，而不是刻畫出妳認為孩子應該有的樣子。愈是記住孩子經驗這世界的方式與妳有別，妳就愈能當個有同理心的父母。妳會有好幾年的時間練習，但我們建議妳從現在開始，想想自己未來從當媽媽、還有寶寶身上能獲得的成長。

我們有位患者說：「我成長過程中跟母親的關係並不好。她以為世界該繞著她運轉。我很想生個女兒，好重新經歷更好的母女關係。」她渴望一段關係來療癒自己，這完全可以理解，但把女兒的一生當作是畫布，拿來重繪和修復自己的童年，這就是另一種以自我為中心的思考。而她在寶寶降生前就認知到這種幻想，於是她當個與自己母親不同的媽媽——反思自己的情感需求，並將育兒的重點，聚焦在女兒身上。

為寶寶取名

對多數父母來說，為寶寶找個好名字，既開心又棘手，像是書寫寶寶人生中的第一頁，而這用字遣詞全由妳掌控。但如果家人有些特殊期望，那麼主導權就未必完全在妳手上。名字放在家譜裡必須有些意義或關聯，所以有的親戚可能要妳聽從他的建議。

依據美國文化傳統，妳的母親可能會說，妳應該用外公的名字，因為外公把全家帶來美國，或是他幫妳付學費。父親可能會說，名字絕對要用來紀念姑姑，因為她膝下無後，而且幫著帶大妳。妹妹可能會說，要是不用過世母親的名字，就是不尊重媽媽，代表妳不愛她。這就像孕期裡的諸多情節，家人丟來情緒包袱，給妳極大壓力，這些親戚的生活圈裡，也放進妳與寶寶了，只不過是比較外圍的環節。這個問題沒有正確的答案，但要考慮的重點是，不想用孩子的名字來表達對祖先的尊重也可以，總是有其他方法。

朋友和家人可能對妳選的名字提出意見或批評。「女生叫喬登（Jordan）感覺沒有女孩氣」或「妳嫁給別的膚色人種，那起碼給孩子取個屬於我們文化的名字，標示妳的傳承。」請記住，這些意見最終只屬於說這些話的人，如果聽起來不舒服，趕快忘掉就好。如果想平衡心裡的不快，就想想這個侵門踏戶的傢伙，之前做了哪些類似的行為，像是要妳在婚禮裡添加傳統儀式，當時感覺太超過，好在最終也沒人在意這件事。

非名字決定個性

妳或許已經碰到一些行事過分的例子，但妳在公眾領域的待人處事方式，未必得影響私人的生活。妳可以不做任何承諾，只說「這建議給我很多思考方向」。這類回應有助於劃清界線，讓妳保護隱私。我們極度主張妳和伴侶事先討論關於取名字的應對方式，讓彼此心裡有底，可以互相支持。如果擔心別人批評，也可以在嬰兒出生前，先不要透露妳取的名字，比起命名尚未決定，批評一個有名字的嬰兒簡單多了。

選擇名字時，也可以根據自己對孩子的想像，或展現自己如何當個有創意的父母。但請記住，妳的孩子會表現出自己的個性，他的自我認同也會影響這個名字，而非名字決定個性。如果妳想找個獨特或時尚的名字，請想像一下，孩子在未來幾十年內跟著這個名字的感受。如果孩子最終被任命為神職人員或聯邦法官，那麼太過可愛或特殊的名字可能就有點尷尬。名字不應成為孩子的負擔。

現在還是無法決定名字？放輕鬆。妳可以等到第三孕期，甚至寶寶出生後。研究指出，人只要不過度關注特定問題，就最有創造力。如果妳拿掉壓力，那麼靈感會在意想不到的時候降臨。

失控的體重

我們發現，許多患者在第二孕期開始出現體重相關的焦慮。體重增加在我們文化裡常被看作是負面的，對女性更是如此。女生自小就被灌輸了理想身材是「既嬌小又苗條」。因此，不論妳是胖肚子還是胖全身，懷孕的身體變化都可能造成情感衝擊。我們有位患者說：「我在第二孕期開始有肚子，但沒有真的『凸出來』。我擔心別人會以為我只是變胖，所以我做了些小動作，像是揉肚子或推腰，這樣別人就會看出我懷孕了。」

另一方面，也有人喜歡她們的新曲線。我們有患者說：「這總算改變跟了我一輩子的身材──精瘦、結實、平胸，我喜歡有胸部的自己，第一次感受到圓潤、有女人味。」另一個患者則告訴我們：「我一直很在意自己的身材，從小就胖。懷孕讓我可以變成更大尺寸，又不必擔心胖子歧視。我開始穿以前從未考慮過的合身服裝。我變得愈來愈胖是因為裡頭有個寶寶，感覺真棒。」

身體不再是熟悉的樣貌

我們喜歡用「為人母期」（matrescene）一詞的原因之一，是它聽起來像「青春期」，而懷孕就像再度經歷青春期。妳的身體正萌發新的曲線，頭髮可能變得濃密有光澤，或者變得扁平怪異。妳的荷爾蒙不受控制，這也代表青春痘可能像隻討厭的第三眼般，在額頭中央冒出來，青春期的褪色成長紋緊貼著臀部，紫色如藤蔓一般的線條，延伸到妳突出的腹部。

妳現在距離青春期，大約是十到二十年前（或更長時間）的事了，妳可能已長成屬於自己的模樣，對自己從頭到腳都相當熟悉，儘管可能難以接受自己的身體，但希望妳找到一套帶來安全感的模式。

在懷孕期間，妳整個人的身形、外表會逐漸變化，在浴室裡看到鏡中的自己，可能覺得陌生：「我認不出自己了。」這是晉身母親這個身分轉變的主要構成部分——身體不再是妳過去熟悉的樣貌，妳的體重甚至還沒增加，就已經覺得非常挑戰。

如果妳這輩子大部分時間都在控制體重，那麼體型逐漸改變可能讓妳感到失控。可悲的是，對某些女性來說，懷孕是她們成年後第一次不用減肥。這可能是個修復與身體愛恨交雜關係的機會。如果每次產檢妳都覺得不開心，那麼妳可以站在磅秤上，背對顯示器，只讓護理師告訴妳目前增加速度是否合乎健康標準，不必知道確切數字。

健康飲食有助心理健康

如果妳曾患有飲食失調症狀，請務必與妳的醫師討論。即便討論妳與食物和身體的關係，令妳痛苦與尷尬，但這會決定妳和胎兒的健康，吸收足夠的熱量對於胎兒健康至關重要。如果醫生認為妳的體重不足，並且沒有生理上的原因，那麼妳可能得思考一下是否來自情緒影響。暴飲暴食也是如此──如果醫生擔心妳的體重增加超過健康數值，那麼可能該問自己：是餓了才吃，還是靠著進食舒緩情緒？或者現在是一人吃兩人補，所以妳放心大吃，結果進食自由反而走向自我毀滅。無論如何，與營養師或心理師進行諮詢都是個好主意。

減少體重與妳以為的健康飲食其實是兩回事，這觀念可能一時不好扭轉過來，但也是個了不起的學習體驗：如果健康飲食的意義不是少吃，那到底是什麼呢？許多患者告訴我們，比起為自己的身體做出健康選擇，學習如何「為寶寶吃」，相形之下簡單多了。

探討營養和懷孕的書籍已經很多，我們也試著為患者提供一套健康飲食的基本建議，這些建議也有助於心理健康：

- 吃新鮮的全天然食物

  專吃未經加工的食物，會讓妳吃進更多水果蔬菜、健康的蛋白質、健康的脂肪和全穀物。

- 吃得五顏六色

  盤子上的食物顏色愈多樣，營養就愈豐富。想想橙色的地瓜、紅色的甜菜、藍色的藍莓，還有綠色羽衣甘藍。

● 健康的選擇

重點放在妳吃進去的，而非妳不吃的。專注於妳希望培養對於正確飲食的正面心態，例如：「我會吃三份蔬菜」而不是「不吃糖果」。有時，受到限制會帶來剝奪感，最終物極必反，結果享受不到節制的好處。

● 不要怕脂肪

脂肪是大腦灰質（裡頭有使用血清素的神經元），以及寶寶大腦成長的基石。多吃健康脂肪可以改善血液攜帶氧氣流向大腦的活力，並降低發炎，緩解抑鬱。草飼肉、全脂奶製品、雞蛋、富含 ω-3 脂肪酸的魚類（如鮭魚、堅果、酪梨）和食用油（如橄欖油），這些適量脂肪對妳的大腦和寶寶的大腦發育都有好處。

懷孕就像青春期，一切都不太對勁。但把寶寶養大同樣是個強大美麗、充滿創造性的行動。妳可能感到一團亂，但請試著把自己看作是一件藝術品。正如我們有位患者所說：「我可以假裝自己已經超越了身體形象的顧慮，但這不是真的，在我們的社會裡幾乎不可能。也許我可以做更多運動或吃些健康的東西，但我也傾聽自己的身體，滿足身體的要求——這可能是有史以來第一次。與其瞪著鏡子心想，呃……我的臉怎麼又圓了，我要盡可能說：我正用一生的愛來創造一個人，世上沒有什麼比這更美的了。（或是適合妳的其他句子。）」

了解更多

除了運動，妳還能做什麼？

運動對懷孕有很多好處，包括提振心情和減輕抑鬱。但對於某些女性來說，孕期身體狀況不佳與極度疲勞，便不適宜從事運動。如果必須停下過去日常習慣的運動，那麼第二孕期是建立新的低強度運動的好時機，以維持身心健康。

溫和的瑜伽、伸展運動和步行等修復性質的運動對身體有益，也有助於調節壓力荷爾蒙，這對妳和寶寶各方面的身心健康都有益處，像是降低血壓、預防產後憂鬱。運動甚至能影響胎兒神經系統的發育，以及對壓力的反應。

與身體建立連結

也可考慮嘗試別的方式與身體建立連結，像是正念的練習和體驗，啟動所有感官，包括視覺、聽覺、嗅覺、味覺和觸覺。正念不同於認知技巧（例如利用書寫、邏輯來減輕焦慮），正念是將注意力從思考轉移到身體感受。當妳專注於身體經驗，意識會被帶回當下此刻──這能幫妳脫離頭腦的思緒。正念能將妳的注意力從煩惱帶開，另一個好處是利用身體的自癒能力來舒緩神經系統。

冥想、針灸和孕期泡浴與按摩也有幫助。深呼吸是最簡單有效的正念方法之一，懷孕期間不妨試試。如果想提高效果，請試著在呼吸時收住喉嚨後側。（有練習瑜伽的人稱之為勝利呼吸法。如果妳沒練過瑜伽，就把星際大戰黑武士的聲音當作目標。）這種呼吸方式可以按摩位於頸部和胸部的大片迷走神經，充當天然鎮定劑，釋放出化學物質，指示妳的心律減緩，神經系統放鬆。

試試這個方法：透過鼻子吸氣，數到四。止息並數到四。從嘴吐氣，數到八。重複四次。第三孕期時，子宮會擴大並往上推擠橫隔膜，壓縮肺部組織，深呼吸會比較困難。所以現在就開始練習吧，等到生產和產後，妳就能嫻熟運用這個放鬆技巧了。

減輕社交壓力

其他保持正念的方式，也包含跟支持妳的朋友吃頓飯，這會啟動各個感官，有助減輕來自社群社交的壓力。看醫生前先聽聽舒緩鎮靜的音樂，可望降低血壓。如果不能在公園跑步，妳仍然可以坐在草地上享受大自然——科學證據指出，在戶外打發時間能放鬆身心、改善記憶力，並刺激維生素D的生成。

我們可能是頭一個告訴妳可以看電視來減輕壓力的醫師；我們可能是最早告訴妳，看電視是減輕壓力、可接受的方式之一。腦子裡太多事時，適度放空能安靜思緒，重新連結愉悅的感受，特別是社交活動超出妳目前的負荷能力時。

妳可以做任何事來幫助自己集中心神，這有助於降低身體對壓力的反應。當然，這些跟性行為都是從外部來支持身心健全的好方法。

等待篩檢結果

在第二孕期，醫師會與妳討論醫學篩檢，尤其是羊膜穿刺術這類檢查是否需要。哪些測試必須進行，哪些可以省略，這是個複雜的問題。某些侵入性測試有助於及早做出終止妊娠或醫療干預的決策，但這些程序也許有一定的風險。

醫師可能會建議幾個該做的篩檢，但不會告訴妳應該做什麼。這可能是妳這輩子第一次碰到，必須自己做出醫療決定的時候，這對於很多人而言，壓力挺大的。

「我的醫生不是專家嗎？」有人會問。「為什麼要我來決定這個？」醫生無法保證侵入性手術不會中斷妊娠，這得由妳決定是否承擔這種風險。如果檢測結果顯示有問題，醫師也無法告訴妳是否應該繼續懷孕。

要不要進行篩檢，這決定要看妳和伴侶的宗教信仰、文化、家庭和價值觀而定。醫生可以協助妳評估篩檢的風險和好處，但最終決定權在妳和伴侶手上，而且很大程度上取決於妳自己。妳可能想進行篩檢，再次確認這個好消息。如果無論如何妳都不打算終止妊娠，也可能會放棄篩檢。即便妳堅決要懷這個寶寶，或許也會想進行篩檢，以準備應付可能的醫療問題，讓妳的情緒與醫療支援系統，都不至於措手不及。

即便沒有清楚的「正確答案」或說明手冊，這卻是妳要為寶寶健康做的第一個決定。這過程裡，妳的兒科醫生可以給妳建議，但要不要割包皮、做睡眠訓練、斷奶，還有如廁訓練，都由妳決定。妳得適應這種經驗，試著相信自己是個知道該怎麼辦的成年人，清楚什麼對寶寶好。

正如有位患者所表示，建立這種信心並不容易：「當醫生轉頭問我這些重要問題時，我有時會想像自己正在參加那些捉弄人的電視節目——我爸媽會冒出來說，開什麼玩笑嘛，我們當然不會信任妳，鬧鐘叫不醒、衛生紙用完不會換的人，居然要負責養寶寶！」隨著時間過去，妳會了解到，很多父母需要「裝會，直到妳真的會為止」這個策略；即使妳仍然覺得自己像個嚇壞的孩子，妳可能也只是要拿出一副聰明大人的最佳表現就行了。

面對醫療體系

如果妳超過三十五歲，醫生可能把妳歸類為「高齡產婦」，因此需要額外的檢查。這不是針對妳個人，而是針對年齡範圍的技術術語。三十五歲以上生產的婦女，有更高的併發症風險，包括特定染色體變化，這可能導致胎兒基因問題，因此這也是臨床警戒升高和醫用監護儀判斷標準的臨界值。

但是這種用詞，造成部分女性感到不安或自覺被批判。我們希望醫生能找到更好的專有名詞，來告訴女性這些額外照護的好處，因為「高齡產婦」聽來像是即將被送到養老院。但是，這種粗糙的語言可以幫妳打預防針，為之後碰到醫療人員的某些粗心態度作好準備。例如，在超音波檢查時，操作人員可能會自言自語「哇，都十六週了還這麼小」或宣布「我得立刻叫醫生來」，毫無解釋便急急出去，放著妳煎熬枯等半小時，直到醫生到場。

每次穿著紙質病人袍，對著衣著正式或穿著醫師袍的人交談，一旦討論到自己的健康問題、身體和寶寶時，總是感覺自己脆弱許多。但即使身為病患讓妳感到無助，妳還是得允許自己發聲，碰到粗魯對待時，要直接跟對方反應。對多數人來說，將情緒化為言語表達出來，是帶來安全感與控制感的重要一步，特別是在妳最無助的時候。妳可以有禮貌地表示：「待在一旁不知所措，等那麼久才能知道結果，真是讓人很緊張。」或者「我想先穿上衣服，再來討論這個。」亦或是「我得先跟伴侶談談才能決定。」也可以是「沒錯，我用了捐贈者的卵子。你每次問診都得講一次嗎？」

不論妳選擇哪種檢查，接受篩檢前和等待結果往往都會緊張、失眠或煩躁。許多女性告訴我們，一切未定案的那幾天，根本無法集中精力工作，也不能享受社交活動，這些都很正常；許多女性擔心篩檢會很不舒服，或者會傷害到寶寶，但兩者可能性都很低。從邏輯上來說，就算妳知道聽到壞消息的機會只有一%，在等待篩檢結果時，實在很難不把注意力放在這一%。

解題練習

控管等待時的焦慮

整合情緒心智與邏輯心智的做法，有個心理學專有名詞，叫做「智慧心智」（wise mind）。如果妳等待篩檢結果時感到焦慮，可以試試以下的寫作練習，讓理性腦來主導妳：

- 寫下幾個肯定句並唸誦：篩檢很快就過去了，不舒服很可能是暫時的。
- 寫下妳決定進行篩檢的原因，提醒自己無論結果如何，這決定都是正確的。如果想要多點掌控感，可能得寫下妳的規畫，像是收到複雜而令人沮喪的醫療訊息時，可以找誰傾吐或尋求意見。
- 覺得坐著等待實在太不舒服，需要「做點什麼」的話，可以重新閱讀或補充這些筆記，或是做些令妳寬心的事，例如聽音樂或整理衣櫥，來分散注意力。
- 如果妳決定不進行任何診斷篩檢，心裡不免會有些懷疑不安。如果妳對這個決定感到憂慮，那就列出不做篩檢的原因，讀一遍這個列表，讓理性腦來處理妳的焦慮。

面對終止妊娠

如果基因測試或高層次超音波的結果並不理想，妳可能得決定是否要繼續懷孕。思考接下來要做的事情，這是個痛苦而私密的過程，牽涉到需要充分了解自己的醫療狀況，可能還需要與遺傳諮詢師或其他諮詢師商量，以及獨自或與伴侶一起探索內在情緒。

對於某些夫婦來說，這決定不論多麼痛苦糾結，都顯然無可轉圜；有些夫婦也意識到，就算這個決定全然貼合自己的狀況，但未必符合個人政治或宗教信仰。如果伴侶的反應讓妳失望，請記住，這對他也是損失。無論你們有多親密，對創傷或傷逝的反應，還是會依照個人過去的經歷而出現歧異。

如果妳覺得保持忙碌，談點別的話題轉移注意力，有助於在沮喪時保持鎮定，但妳的伴侶卻只想放空，不願跟妳談點別的，這對妳就非常困難。在這需要同舟共濟的時期，如果兩個人的內在需求產生差異，使得雙方彼此疏離，那麼求助心理師或諮商專家，即可以幫助妳理解雙方情緒上的不同反應。

我們有位患者被告知，寶寶出了狀況，沒有繼續長大，她還不得不應付母親的錯怪，母親認為她要是吃多點就不會造成這樣的結果。如果妳知道家人的反應會雪上加霜，那麼妳可能要等到自己度過最艱困的階段，再告訴他們。如果妳還沒準備好公布自己的併發症，但家人卻仍想討論懷孕的進展，那麼躲幾天電話，謊稱自己很忙或不舒服，這一點問題也沒有。如果妳感到過意不去，請提醒自己，這就是妳的身體，妳有權堅持私人界線，直到妳準備好開口為止。

許多必須選擇終止妊娠的母親告訴我們，她們感到內疚，因為自己的身體居然沒能留住寶寶，或出了「差錯」。如果妳對自己的決定感到糾結，請記住，無論結果如何，這狀況來自生物因素，並不是妳做錯了什麼。在妳能夠接受正在發生的事情之前，妳可能會對自己、對醫生、也對整個宇宙感到憤怒，直到妳最終接受這個事實。這是哀悼失去的自然過程。

直到準備好再次面對

允許自己以合適妳的方式消化這個消息。有些人可能會發送群組電郵，告訴朋友或家人。其他人可能會鎖上門，電話關機，直到自己準備好面對世界。如果妳不想馬上見到朋友或家人，那就不用見。等妳準備好，他們會在一旁安慰妳的。

如果妳不得不一遍又一遍地告訴別人流產這件事，那麼回到工作崗位和日常流程就顯得特別折磨。稍微演練一下妳告知外界的方式，而他們表達同情時妳又該怎麼應對。我們的建議是，直接提出明確的要求：「我流產了。我不想講細節。多謝關心。」或者「我失去寶寶。我非常難過，但我要掛電話了。多謝關心。」妳可能是那種非常敏感的人，不想讓別人不快，但是即便他們想知道這個過程，不代表妳必須講出來。妳才剛遭受損失，需要好好度過每一天。

我們有位患者說：「我們失去了寶寶，我正從手術中復原。我先生的生日派對原定在幾週後舉行，而我卻擔心要怎麼面對所有朋友。我絕不會建議取消他的派對，因為那會讓我覺得，除了當不成母親，我連個妻子也當不好，但是他提議改期。我多了點時間復原，真是輕鬆許多。

我的朋友都沒有經歷過這樣的事——而我感到非常悲傷、脆弱與憤怒。我只是還沒有準備好見他們。」後來，這個患者告訴我們，等到她終於能與朋友面對面時，很多人跟她分享自己流產的經歷；原來也都跟她一樣，不會想在公開場合談論這件事。

向社交圈宣告喜訊

妳在第二孕期向更多的朋友宣告懷孕時，正如妳所預料的那樣，很多人會開心擁抱妳，有的甚至會樂得尖叫或跳來跳去。但那些一直比較難相處的人（回想一下妳的婚禮、他們的婚禮，或其他經典事件，妳就明白這意思），可能跟像往常一樣讓事情複雜化。

以他們的角度來看，妳與他們都正值生育年齡，他們當中有很多人（有的脆弱、有的堅強），可能也正經歷著受孕的艱難，以及懷孕和育兒的過程。因此他們必須處理自己情緒，對妳懷孕的反應可能稍微緊繃，或甚至非常不恰當。即便有些選擇不生小孩的朋友，也難免出現強烈反應，因為妳對人生願景的計畫與他們不同。

妳可能以為自己能坦誠告訴朋友，妳對他的反應感到失落，但這取決於妳們的友誼。很多時候，妳可能不得不接受這個事實：不是每個人都能夠、也不是誰都想要分享妳的快樂。

有些朋友可能起了競爭心理。這裡不是為他們的行為開脫，而是協助妳設身處地理解他們。當妳的單身姊妹淘說「好吧，我想以後不能找妳參加女生晚上趴了」，可能不是故意排擠妳，因為她想著日後哪天找妳出去，妳會想待在家裡休息而拒絕她。我們有位患者告訴朋友她懷孕了，朋友說：「好幸運喔，妳一直試著要懷孕欸，大概試了，嗯，五分鐘嗎？」其實這患者試了快一年。她問朋友為什麼要用這種態度，才知道朋友一直努力進行生育治療，於是以為別人都輕輕鬆鬆就成功了。

我們還聽過，曾經流產的女性透露，看到孕婦或參加準媽媽派對會心生妒意、心情沮喪，於是怒氣叢生。她們為了自己無法跟別人一樣感染喜氣，自覺尷尬，可能就此疏遠妳。正如我們有位患者描述的：「我和兒時最好的朋友一起懷孕，結果她流產了。那是我們關係裡不可碰觸的一塊——她不會問我懷孕的事，我也不敢問她心情好壞、身體好點沒。我們既沒有慶祝我的懷孕，也沒哀悼她的寶寶，這真讓人悲傷和空虛。」

保護自己也保護友誼

如果妳知道某個朋友可能正在經歷自己的生育問題與失落，那麼最好私下告訴她這個消息，而不是在大庭廣眾下宣布妳懷孕的事。用字遣詞最好斟酌，簡單一句善體人意的告知，「我知道妳也想當媽媽，希望有天可以聽到妳的好消息。」這就能讓朋友明白妳有想到她，而不是滿心想著自己的好消息。如果她想分享更多自己的經驗，就讓她自己起頭。話雖如此，如果妳自覺沒有足夠能力與心思敏感的朋友打交道，也可以透過電子郵件或別的方式告訴他們。彼此保持距離能保護自己（也保護友誼），避免消息揭露時的痛苦反應。

有位患者分享了這樣的建議：「我要去拜訪一個住很遠的好朋友，慶祝她的生日。她離婚不久，最近又被診斷出慢性病，所以她暫時不會懷孕，而我知道這對她來說很艱難，因為她想要個寶寶。我也知道，要是當面告訴她我懷孕這件事，可能整個週末就泡湯了，但這週末本來應該開開心心，而且重點在她身上。我啟程之前還是先在電話中告訴她。她在電話中並沒作聲，但後來告訴我，事先告訴她其實有幫助，因為她有時間先處理自己的悲傷。」即使通過電話、簡訊或電子郵件通知好友可能感覺不夠親密，但對某些人來說，這是更周到的方法，因為如果妳覺得他們可能內心矛盾，這方式可以給他們多一點的空間和時間。

儘管許多女性對於用社交媒體宣布懷孕感到興奮，但請務必三思而後發布。這消息一出去，妳就無法控制有誰會知道妳懷孕，什麼時候會知道——如果妳還沒告知親戚、老闆或同事。而且，妳要想想最壞的狀況：要是出現併發症，妳還不得不在網路社群上，持續回答有關孕事的關切。

還有，想想社交媒體文化鼓勵女性炫耀懷孕與孩子，妳是否也受到影響。妳希望與愛妳的人分享幸福才發布訊息？還是刻意塑造一種美好理想的片刻？

請記住，妳所說的話和怎麼說都很重要。有位曾經流產的患者含淚地告訴我們，她的一位朋友在臉書上宣布懷孕的喜訊。怎麼宣布？「我現在進到媽咪俱樂部了！」當然，她為朋友感到高興，但她已經被排除在俱樂部之外了。我們並不是說新手媽媽不該公布喜訊、不該慶祝，而是要思考：妳是否強化了這個社交媒體文化，把懷孕看作是社會地位的另一種晉級？

在職場公布孕事

很多女性都盡可能推遲在職場公開懷孕的消息。妳的同事和共事夥伴，可能會為了妳的產假而覺得要忙翻了，因此等到妳度過第一孕期或篩檢這些較高風險的關卡後，再公諸於世也是合情合理。等待適當時機宣布，讓妳更能控制釋出的訊息多寡。不然的話，擔心被同事發現，或是怕別人對妳保守「祕密」有什麼負面反應，這可能會給妳帶來壓力。

這個過程順利與否，部分取決於妳的處理方式，部分取決於公司文化。這個世界運作完美的話，妳會享有帶薪產假，而同事們如果也曾請過產假，而且順利回到崗位，是可以正面看待這項政策的。但如果妳沒有較為理想的模式可遵循，可能得顧慮老闆跟同事的反應。有些女性擔心自己在專業上不受重視；有些人則感到內疚，感覺像是在要求特殊待遇——休產假而把工作丟給同事善後；有些女性怕老闆會巧妙地（或粗魯地）排擠自己。

把自己的需求放在最前面

該如何告訴老闆，自己懷孕的訊息？多數女性會想很多。但還有其他需要被告知的人，像是妳的助理（如果有的話）或直屬下屬、隔壁同事，或其他可能需要及早知道的對象。在老闆之前先告訴這些人的好處是，如果妳必須請假看醫生或身體不適，他們可以暫代妳的工作。但這裡有個風險：老闆可能在妳當面告訴他之前，就從辦公室八卦得知這個消息。我們有位患者為此感到為難：「這很麻煩，我有位同事已經先告訴老闆了。我不認為她另有盤算，只是多嘴罷了。但這讓我陷入這樣的困境，因為我告訴老闆時並不曉得他已經知情。我覺得自己很瞎。」

與老闆坐下來談之前，請仔細閱讀公司的產假政策，並思考自己是否符合這個政策的規定。我們建議，公司產假多長，妳就請多久，而且告訴老闆妳會回到工作崗位，除非妳百分之百確定不再回來工作。與其之後申請延長產假或要求再回來工作，提早回來上班或決定辭職要容易得多。即便之前妳休過產假，也十分確定自己的想法，但仍可能難以預想其他的狀況。

如果妳心裡尚未決定，卻告訴老闆妳會回來上班，並因此感到過意不去，請想想另一種妳會對老闆隱瞞未來計畫的情況，例如妳正在另謀高就，或收到競爭公司的錄取通知；更貼切的是，想像一下男性同事會怎麼做。他會和老闆坐下來，說明自己正在進行的工作面試嗎？當然不可能！在妳百分之百確定要離開之前，根本不必告訴現任雇主妳正在考慮另尋新職——那麼產假後的計畫跟這有什麼不同呢？

我們的文化給女性的印記是，她們如果不夠有同情心，沒有照料到他人，就該心生罪惡感。但在工作場所，特別是有些國家沒能立法規範各種完備的產後選項，我們鼓勵妳把自己的需求放在老闆之前。（即便妳是老闆也該如此，沒錯！）

拿出專業態度並與老闆約時間會面。即使妳非常了解老闆，還是可能會對他的反應感到喜出望外（或大失所望）。如果跟他會面前，妳已經告訴辦公室其他人，請跟他明講。特別是如果妳認為公開懷孕消息的任何對話，會稀釋掉妳在工作的表現，妳可以要求老闆祕而不宣，也不用澄清任何謠言，直到妳心裡準備好為止。

保持禮貌與堅定

告訴老闆就表示必須同時告訴所有同事嗎？當然不是。但妳應該考慮在肚子大到瞞不住前，先公布消息。在工作場所對別人的身體發表評論通常不適宜，但不幸的是，即便在工作場所，人與人之間的適當界線，容易因為懷孕這件事而變得模糊。同事可能不會說妳髮型不佳，對吧？但最好明白別人會對懷孕進行有些侵犯性的觀察，這樣妳便能在出狀況前先行處理。如果有人問妳是否懷孕，而妳還沒準備要公開，請保持禮貌與堅定。妳可以說：「這是個非常私人的問題。」或者，如果妳很了解這人，請試著以幽默方式反問：「妳是在暗示我該上健身房了嗎？」

許多婦女表示，自己休產假會對工作團隊感到過意不去，因為她們擔心給別人造成負擔。但在多數工作和生活中，讓每個人快樂是個不可能的期望。請記住，懷孕是人生的正常過程，並不是要為專業領域帶來不便。如果妳有福利，這是從一開始就將可能的病假費用計入妳和每個員工的薪資。這是種正常且必不可少的員工福利；其他福利制度普及的國家，都不會質疑這個權利，這些國家通常比美國更健全。

尋求彼此幫助

變化始終會為個人和組織帶來壓力，尤其是需要調整計畫和工作流程。妳的產假意味著其他人可能不得不接手職務以外的任務；也許妳聽說過同事對其他人休產假或病假感到不滿，或者老闆在遇到意料之外的員工變動會感到不安；妳可能會擔心別人會在背後批評妳；也許吧，但請記住，他們的反應通常是來自過去經歷和議題，並不是針對於妳。

妳可以透過積極專業但簡潔的應對態度，來設定與同事的談話基調。不必道歉！同事生病或休假時，妳已經代理過他們的工作，而現在等到妳回來上班，也會再次幫忙別人。

如果妳最終得提早生產或休產假，這可能是妳職涯中第一次沒結束手邊工作就離開。讓自己放手，交給同事接手，接受這一切已不是妳能掌控，這是相信自己與信任他人的起點。如果妳需要他人肯定自己的領導能力，妳已建立起「一切交給妳，都能搞定」的形象，那麼交給別人收拾善後可能讓妳十分洩氣，但身為人類，許多時候我們都需要尋求幫助。如果這對妳來說極端困難，那麼再沒有別的時機比孕期更好、更適合練習與自己的各種「不得不」共處了，因為在產後及未來的日子裡，妳絕對有不得不向他人求助的時候。

解題練習

和老闆討論孕事

- 事前準備好妳想知道的所有問題
  問問人資或其他當過媽媽又能守密的同事，了解公司的政策。兼職的政策是什麼？居家辦公可行嗎？如果妳有併發症，可以多請幾週假嗎？妳是否可以額外多請幾週無薪假，並受到保障能回到自己的職位？
- 這個討論不需要倉促進行
  建議將會議安排在一天當中較清靜的時間。
- 表達同理心
  像是「我知道這個消息可能對您和公司帶來挑戰，」這樣的說明能清楚指出，妳了解自己的產假會影響其他人。不必為自己的需求道歉，但妳的確有周全考慮。這份貼心可以延續到未來，特別是在妳尋求幫助時。
- 幫老闆分憂
  對妳的工作任務／職責提出建議的接手人選，跟老闆保證，妳請假前會處理完所有事情並列出詳細的交接事項。

- 給自己一些猶豫的空間

回說「我還沒想出答案」是完全可以接受的。

- 保護自己

如果老闆的確不高興，請試著以專業和尊重的態度應對這種行為。這種時刻要保持冷靜，這能爭取時間，思考清楚，找出最佳應對方式。如果妳擔心老闆可能試圖拖欠薪水，或想辦法請妳離職卻沒有正當理由，請與人資談談。妳還可以從社群中找到有用的法律建議。（參見參考資源）

性欲的變化

在懷孕的不同時期，妳對性行為的感受也不一樣：性欲高張、想要個人空間、噁心；想抱抱但有點抗拒插入；想做愛，但必須在漆黑的環境裡，那麼妳就不必看到自己的身體，或是以上所有狀況交錯組合，令人困惑。孕期荷爾蒙波動和身體變化，造成每個女性對性欲的反應都不太一樣。

妳的身體和化學物質每天都在變，不論伴侶有多體諒，他的身體跟內分泌都沒有變。如果伴侶想要做愛，但妳感到不舒服，應該跟對方解釋妳性欲的變化，讓他明白這是身體的問題，不是拒絕他求愛。沒錯，這類對話令人卻步。但忽視自己性生活的變化，會造成關係緊繃並出現距離，特別是做愛是你們保持連結的常用方式。

如果妳滿腦子都想著寶寶，心理上可能會抗拒行房。在此之前，妳的身體完全只屬於妳。現在床上躺的其實有三個人。如果妳已經習慣光著身子，分開雙腿進行產檢，或許會覺得陰部是功能性遠大於享樂成分。也許妳對體重增加十分沮喪，也不再修剪陰毛，或是穿起實用而非美麗的內衣。妳對身為母親又兼情人的身體經驗感到困惑，這很正常。建議想想孕前的性生活有哪部分是妳依舊覺得熟悉，或是依照妳的體態與行為轉變，找到新的性行為模式。

截然不同的經驗

妳的身體線條變得更加豐滿，腹部曲線宛如豐收女神，這可能挑逗妳的伴侶。可別放過！孕期性生活是截然不同的經驗，妳該試試看。探索這個新身體的同時，妳與伴侶會更加親密，也幫助伴侶欣賞妳的變化。妳可以詢問任何身體上的問題，例如哪種姿勢最舒適。

但有些伴侶對懷孕感到性趣缺缺。如果妳的伴侶把妳放上「母親」的寶座，可能將妳等同於純淨聖潔，甚至聯想到自己母親，可能就不再想跟妳上床。如果發生這種情況，請對他多點耐性，給他時間思考：儘管妳即將擔起家裡的母職，並不代表妳不再是個生理女性伴侶。給他時間消化，知道這兩個角色不一定是衝突的，因為你們終將會擁有排除孩子們的性生活隱私，但清楚讓他知道，他要做必要的功課，去習慣妳的新身體和新的母親角色是很重要的。

如果伴侶告訴妳，他對妳的身形失去性致，這是個很難消化的消息。特別是懷孕是兩人共同的決定，他沒有權利如此絕情，因為妳為了兩人共同的寶寶必須承擔身體變化。

降低妳的不安

妳的伴侶可能有意識或無意識地擔心，做愛時會被寶寶發現。盡可能跟他（還有妳自己）保證，寶寶不會知道妳們正在做愛──寶寶周遭是充滿液體的羊膜囊，再加上子宮肌肉的保護。進入陰道並不會碰到胎兒，因為寶寶位於封閉的子宮頸後面並受到保護（進入陰道時最深也只能接觸到這個部位）；這些意味著，不論是陰莖還是手指進入身體，都不可能撞到寶寶。如果妳發現高潮後胎兒的運動增加，那僅僅是因為高潮後的血流增加，提供寶寶額外能量，而不是因為寶寶感覺到性行為。性愛的搖擺運動對寶寶而言，可能跟孕婦瑜伽或其他身體活動沒兩樣。

撫觸是建立親密連結的重要一環，但不一定非得是性愛的觸摸。看電影時摟著彼此或互相按摩，帶來的親密程度類似性生活，也能是重新燃起平淡性關係的火花。如果妳的性生活問題導致爭執，或許該找個伴侶諮商師，解決這些問題，避免狀況惡化，造成疏離與怨恨。

了解更多

產前蜜月對夫妻關係有幫助？

產前蜜月就跟度蜜月一樣，都是建立身體與情感的親密連結，這兩者在孕期最後幾週和嬰兒出生的頭幾個月，重要程度往往被排到最後。但也用不著特地飛到熱帶島嶼，還是有別的辦法確保雙方關係牢固。

有些夫妻想要在第二孕期出門旅行，不然到了第三孕期，醫師會建議避免遠行，以防早產。我們覺得這主意不錯，但不是每個人都如此期望，也未必有時間與預算上的餘裕。有些女性會覺得出門在外就無法聯繫到原來的醫生，心情反而不輕鬆。

但這也不代表妳不能在寶寶降生前，用這段時間重新與伴侶建立連結與強化關係。如果不打算旅行，也可想想兩人交往時有什麼特殊小儀式，或許是出門看電影或聽演唱會──等到妳要找保母時，這就不好安排了。也或許是跟所有人宣告你們要出遠門，結果躲在家裡溫存。

該搬家嗎？

如果目前的住家不適合建立家庭，那麼第二孕期算是恰當的喬遷時間──妳的狀態比第一孕期更穩定，距離生產也還有一段時間，可以處理這樣的大變動。搬家，就像進入新的父母身分一樣，算是生活裡數一數二的艱難事件，因為這牽扯到許多變化。妳要自問的第一件事是：我們要現在搬家，還是最好在現在的地點再住一年，這樣就不必同時處理兩種人生轉變？

妳會與伴侶討論到的主題，還會包含：你們能負擔搬家費用嗎？你們之間有人會想搬到父母或親戚家附近嗎？如果答案是肯定的，誰的親戚「勝出」？妳需要考慮支出以及舒適程度而搬到郊區嗎？你們對這種生活方式或上下班的變動感覺如何？如果兩人都睡不夠而且寶寶正在大哭，你們各自需要多少個人空間，才不致於想要毀滅彼此？如果你們有人放棄娛樂間或書房，改裝成寶寶房，要怎麼適應隱私空間的限縮？

如果這一切讓人不知所措，請記住，照妳現在的狀況也行。從實用角度來看，妳只需要一個小空間給寶寶睡覺跟換尿布，加上坐起來舒適的地方餵奶。特地為寶寶空出房間布置嬰兒房，可能也只是讓妳覺得開心，因為寶寶出生第一年裡，其實分不出空間變化中的差別。

第三章

第三孕期

——我要變成媽媽了

第三孕期是逼近生產最後衝刺的開始，也預示了沒有孩子的狀態即將終結。妳心底有部分可能希望這階段趕快過去，好及早見到寶寶，也或者只是想要身體早日回到輕便自如；妳心中的另一部分可能希望放慢速度，生產之前的日子可以停留得更久一點。成為母親儘管令人興奮，當妳停下來想想自己即將結束的生活，可能會感到恐懼。到現在為止，妳成年之後在這世界形塑的身分認同，其結構主要圍繞著妳自己、其他成年人，以及成年人之間的承諾。很快的這一切全都會發生變化——如果妳是寶寶的主要的照護人，那麼這變化會更巨大。

寶寶呱呱落地後，建構妳身分的每個角色，都會出現轉變。伴侶、配偶、情人、女兒、姊妹、朋友、專業工作者、同事、寵物主人、騷莎舞者、大學橄欖球後衛、義工、社運人士——妳產生歸屬的一切活動和關係，都會立刻變得不一樣，不只是因為妳有了新義務，還加上妳的新身分：母親。

接下來妳的假期安排必須適合嬰兒；跟妹妹去做指甲必須安排在寶寶的睡眠時間進行，也可能根本超出妳新的預算計畫。週日下午臨時想跟閨蜜看個電影？除非能符合妳的餵奶時間，否則窒礙難行，因為妳同時有個寶寶需要餵養。妳不可能睡到自然醒，一邊喝咖啡一邊滑 Instagram，如此開啟妳的一天；這聽起來好笑，但心情上可一點也不有趣。當妳已經習慣想做什麼就做、想要何時做、想要怎麼做都能隨妳高興，懷孕和升格當媽媽可能讓妳覺得失去自己的一部分。

重新認識自己

心理學有個名詞「角色轉換」，意指觸發身分和人際關係出現劇烈變化的生涯轉變。心理學特別聚焦在這些消耗精神的複雜轉變，因為這是段壓力很大的時期，如果輕忽不理，可能引發沮喪和其他類型的心理緊繃。這些轉變加上荷爾蒙變化，可以解釋第三孕期為何是開啟產後憂鬱的常見時點。（是的，它通常是在懷孕期間開始醞釀，詳見附錄。）

最好提醒自己，無論妳多想成為母親，又做了多少準備，這些身分轉變會不時讓妳感到失控和混亂。這是為人母期的環節之一。但這些負面情緒及其對妳心理健康的影響，是可以緩解的，方法之一是人際心理治療（Inter Personal Therapy，IPT），這是一種心理療法，旨在幫助人們適應角色轉換。IPT可幫助妳恢復心理承受力，於是一切變化不再那麼令人沮喪。它原是處理因憂鬱症所苦的患者。但我們認為這對於任何新手媽媽和準媽媽都是有用的工具。

在第三孕期及之後的階段裡，我們對許多患者採用IPT來預防和治療產後憂鬱。當妳因懷孕或成為母親的新生活需要妳改變，而感到悲傷或沮喪時，這最有用。如果這種自助方式無法改善妳的情緒，我們建議妳跟醫生談談自己的感受，他們或許能會為妳引薦心理師，以IPT引導妳或以其他方式提供幫助。

人際心理治療為妳設定有系統的框架，這包括四步驟：

步驟一：點出讓妳沮喪之處

人有時會莫名感到壓力。如果妳感到無以名狀的挫敗與悲傷，或是懷孕整件事讓妳心煩但又說不出所以然，那麼與伴侶或朋友暢談或許有助益。有時懷孕過的友人可以同理並分享經驗談；有時候，只有最了解妳的人，才知道提醒妳在過去什麼時候，妳同樣感到沮喪。如果妳希望保留隱私，不妨記下妳的心情，或許有幫助，在書寫的同時，我們若能放任思想自由流動，有時能開啟自我覺察。

步驟二：闡明身分認同的變化

現在，妳已經確定了壓力來源，請思考這壓力對妳的身分認同造成何種影響。這狀況會讓妳自覺有部分的自己正逐漸消逝？看似微不足道的挫折也可以連結到深層的自我象徵。深入認識並形諸語言文字，幫助妳更了解這情況如何挑戰妳的個人認同。

步驟三：承認自己的沮喪

花點時間接納自己的感受。負面感覺未必是要拿來對付的，它能告訴我們生活中發生事情帶來的重要訊息。除此之外，並非所有負面情緒都能解決。無論感覺多麼瑣碎、無用，不足為外人道，妳都要認清自己的感受，這一點很重要，這才能開始思考解決辦法。妳可以大哭、做瑜伽或冥想、捶打枕頭，或大吼大叫，讓願意理解的朋友或家人聽到，直到妳準備接受無法改變的事實，盡最大努力擺脫沮喪。

步驟四：提出計畫來適應新情況

一旦確定了導致不滿的根本原因，就可以著手解決。妳無法回到過去的自己，但卻可以找到方法，使妳的價值觀和優先事項符合新狀況和新身分。把這計畫當作敘事療法：妳正為自己的新身分寫出新的故事結局。

我們有位患者採用IPT適應懷孕帶來的生活變化，方法如下：「一直以來，我最開心的時候就是出門閒晃。每個星期六我幾乎都是出門辦事跟找朋友，花幾個小時跟朋友吃早午餐，再跟另一個朋友喝咖啡，然後是去第三個朋友的店裡串門子，想做什麼就做什麼。」

「但在第三孕期，我的腿開始腫，不好走路。才逛一個小時就累了，不得不放慢速度，花更多時間在家休息。我感到很沮喪又沒意思，好像是讓朋友失望似的，老實說，我待在家裡就不知如何是好。」「於是我花了幾天時間在屋裡摸索，悶悶不樂，直到自覺能放下了。為了振作自己，我不得不找些事情做，這樣就算我待在沙發上還是能保持社交。我決定集中精力製作一個新的 Pinterest 頁面，蒐集嬰兒服裝、嬰兒食品，甚至有關睡眠和餵母乳的文章，邀請所有朋友來我的頁面看看。」

這位患者自己沒察覺，其實她運用IPT原則來處理因社交減緩的失落，做得非常好：（當妳對生活調整感到壓力時，可以嘗試看看）

- 找出讓妳沮喪的點：「我不得不放慢速度，花更多的時間在家裡休息。」
- 闡明身分認同的改變，而這種變化如何與衝擊到妳熟悉的角色、生活流程，以及人際關係：「我最開心的時候就是出門閒晃。」
- 承認自己的沮喪，花時間消化自己的感受：「我感到很沮喪又沒意思，好像是讓朋友失望似的，老實說，我待在家裡就不知如何是好。於是我花了幾天時間在屋裡摸索，悶悶不樂，直到自覺能放下了。」
- 提出一個適應新狀況的計畫：「我決定集中精力製作一個新的 Pinterest 頁面……邀請所有

朋友來我的頁面看看。」

這位患者本來想堅持自己的日常習慣，經過幾次週末的失敗，她才接受這個事實：過去的步調已經不可行。對她來說，放下繁忙的週六行程，等於是告別自己的獨立性和活躍的社交活動，處理好這哀傷後，她才能想出切實可行的步驟，面對新的狀況，同時能振作起來。

儘管IPT對於預防憂鬱症很有幫助，但當妳必須告別某些永遠無法完全重現的經驗，這個技巧並不能幫妳抵擋這些痛苦。不過這種悲傷雖然令人不快，但也未必全然是壞事。對多數人來說，封存與否認自己的感受，其實比沮喪本身更容易觸發憂鬱症。IPT並沒有假裝一切如常，也沒強迫妳必須自己「從中發現力量」，而是教妳先認清自己的失落和沮喪，釋放這些情緒，這可能有助於妳更能揮灑自如的推動新計畫。

為了搞清楚自己如何適應新的身體和經歷，妳得睜大眼睛，仔細檢視自己的新狀況。沒錯，就是要面對懷孕以及產後帶來的身體與生活的所有變化，如果妳不能直視新的內在世界和外部世界，就無法堅持自我，安度這個階段。

了解更多

善用築巢本能

妳開始與寶寶建立連結的方式之一，可能是打造一個安全環境。或許妳會開始改造房屋、設計嬰兒房，或清理衣櫥抽屜來騰出空間。除了住家，妳還可以組成一個社群，找些妳認為可靠又能支持妳的人，與那些妳不信任的人保持距離。從某種意義上看，這幫助妳建立社交「巢穴」，於是妳和新家庭能獲得支持，感到更安全、安定。

有些孕婦重新整理甚至裝修屋子（全面性的，不光是嬰兒房），這不僅是為了實際需要，背後還受到強烈的情感驅使。有時，妳的築巢衝動可能相當奇特，或有強迫性的。（這可能與有強迫症病史的女性受到的觸發機制有關，而懷孕期間同樣的機制受到啟動。）如果妳半夜去廚房搜刮冰淇淋，最後跪在冰箱前重新整理每一層食物，直到整體看起來「恰到好處」，那麼妳就是受到築巢本能刺激。研究顯示，築巢本能往往啟動大量精力，即便是第三孕期往往疲倦不已的孕婦，也會瞬間精力充沛。

築巢本能是來自荷爾蒙變化，科學研究顯示，動物的築巢行為牽涉促使乳汁分泌的泌乳素（prolactin），還有雌激素和黃體素。築巢也是心理行為，這是個久負盛名的應對機制，面對無法預測的未來時，控制妳能控制的（像是周遭環境），是個緩解焦慮的方法。那麼，父親或是伴侶也會生出準備迎接嬰兒到來的衝勁。但是，受懷孕刺激而生的築巢熱情，有時會挑起妳與伴侶的爭執。妳或許會有強大動力來收拾整間屋子，但伴侶的動機可能沒那麼強。盡量清楚傳達妳的感受，並明確要求對方，而不是坐等伴侶得到魔術般的提點。這跟任何受荷爾蒙影響的情緒一樣，請記住，妳感受到的急迫性，背後有其生理和情感出處，而不單單只是收拾房子而已。

一切要看妳的時間分配，要是寶寶提早出世，妳可能來不及安排好一切，或做到令自己滿意。如果妳發現還沒準備完全而心生恐慌，請提醒自己，這種焦慮很大程度是自覺無法控制一切，加上新手媽媽的情緒轉變。整理屋子或許能舒緩情緒，但這只是表面上取得掌控，不論妳的抽屜多麼整齊，都難以避免內在紛擾，因為這個時期就是如此。

重設生活步調

此時，妳可能已經感受到胎動，甚至還看到腹部被小手或小腳從裡往外推。許多人會覺得既奇妙又驚喜。身體經驗確認了——懷孕的確在發生，也可能加深了妳的情感依戀。有些女性會希望與伴侶分享這個情感連結的喜悅，雖然伴侶無法看到或摸到寶寶。有些女性在公開場合感受到胎動，會覺得無所遁形，彷彿別人也可以透視她的肚子，看到裡頭發生什麼。也有些女性認為這太超現實；肚子裡頭有一個小胚胎在游泳，讓她們聯想到寄生蟲或遭到外星人入侵。

許多婦女對這些狀態感到放心：如果寶寶會動，那麼肚子裡的一切應該沒問題。儘管這在醫學上未必正確，但如果因此心情安定，也不妨相信這個假設。但這件事的另一面是，胎動時有時無，等待下一次胎動來之前，可能會讓妳擔心起來，是否出了什麼問題。

有位患者告訴我們：「剛進入第三孕期時，我早上通勤、在車站下樓梯時，意識到肚子已經擋住我的視線，我看不到腳趾了。我慌亂地抓住扶手——要是我看不到腳在哪裡，怎麼能安全下樓呢？所以我走得非常慢，以至於擋住了身後所有人。我覺得很尷尬，也有點生氣，我明明就大著肚子，人們依舊從我身邊匆匆走過。

轉變和世界互動的方式

在第三孕期，身體可能會變得異樣陌生。不只是體內孕育的新生命日益活潑、個性鮮明，身體還以令人迷惑、驚訝的方式持續演變。這超出了第二孕期的形狀變化。即使是最基本的身體經驗，像是下樓梯的方式、上廁所或綁鞋帶，第三孕期的身體做起來都是另一回事。身體需要妳重新思考自己的基本流程和步調，不論是上健身課、工作，試圖把電腦安穩放在腿上，還是隔著大肚子推超市購物車。妳無法用過去的速度行進，這層限制可能讓人難以接受、感到洩氣。

雖然行動不便是個問題，但身體不僅決定妳的移動方式，也決定了妳與世界互動的方式。當第三孕期的身體影響到妳與朋友或伴侶的社交生活，我們建議妳盡量跟生活中最親近的人解釋，妳的身體和情感出現何種變化。這能幫助對方理解，妳無法像以前一樣了，他們就知道如何幫妳。

我們最喜歡的《欲望城市》（*Sex and the City*）影集中，（這個影集除了打破懷孕的美麗迷思，還破除關於約會和婚姻的糖衣神話。）有個場景是，米蘭達懷孕了，她與凱莉、珊曼莎和夏綠蒂共進早午餐時放屁，於是解釋：「我懷孕了，我控制不了。」珊曼莎回應：「親愛的，妳最好學一下，這太倒胃口了。」米蘭達繼續道：「我知道。我整個浮腫又脹氣，就像個充氣救生衣。」

米蘭達結合完美的喜劇時機（畢竟這是電視節目！）和理直氣壯的坦白：懷孕期間的身體會做些她無法控制的事。儘管讓人尷尬惱怒，但因為眼前都是她最好的朋友，所以她也覺得心中有靠，可以大方談論身體經驗，儘管這話題在早午餐場合絕對不宜。米蘭達知道，話題不宜的門檻，在孕期可以有另一個標準。多數人談論身體難免語塞，即使與最信任的女性在一起也是如此，但米蘭達跟閨蜜坦白托出，等於打破這個障礙。

許多女性告訴我們，抱怨自己身體不便，心裡會內疚，因為她們也為懷孕感到幸運。但是，如果妳靜下來想想，抱怨不會抵銷妳的感恩之情。「不抱怨」之類的規則有個問題——它阻止妳釋放負面的想法和感受，但講出負面的想法和感受，往往是消除負面影響的最快途徑。而且，如果妳對自己的困擾閉口不談，那也無法得到他人的支持與理解。

朋友的同理安慰

妳可能碰過有同樣問題的朋友，他們可以給妳建議，分享他們與別人適應這些變化的經驗。或者妳可能有些朋友經歷過別種劇烈身體變化（可能是慢性疾病或飲食失調所引起），他們也可同理和安慰妳。我們認為，如果女性在懷孕期間分享而不是保守自己的身體祕密，那麼過去被看作是尷尬甚至羞恥的經驗，就能因此正常化，並顛覆這些刻板印象。

我們有位患者為了難堪的懷孕症狀不得不放棄跟朋友聚會，覺得很苦惱。她告訴我們：「第三孕期痔瘡絕對是懷孕期間最糟的事。糟糕的點在於只有醫生知道。我跟最好的朋友（她沒懷過孕）爭執不下，因為我跟她說我不舒服，不能去參加她的生日晚宴，她嚇壞了。我很過意不去，非常挫折與尷尬。」

接著，這位患者利用IPT技巧，先理解這私密的醫療問題，也成了她孕前身分的壓力，因為她原本是慷慨而隨時願意幫忙的朋友。她察覺最好的方式就是坦誠：「我決定告訴她我有痔瘡，要久坐的話就必須墊個特殊坐墊——但我不想帶著坐墊這種東西去餐廳。最終，坦白相告是極大的解脫。一旦她了解我經歷的一切，就明白我不是放她鴿子，或是把懷孕看得比我們的友誼還重要。我們倆都同意，我應該到場打個招呼就好，不用參加整場聚會。好笑的是，她跟我分享姊姊懷孕得痔瘡的經驗。我猜孕期得痔瘡比我想像的要普遍許多。」

如果妳不願意告訴朋友這些羞恥的身體毛病，請試著換位思考；如果有位密友告訴妳，她患有痔瘡，妳的反應會是「呃，好噁喔！」還是說妳會表示同情並想些能幫朋友消除痛苦的辦法？通常，令人尷尬的身體疾病，就像其他痛苦的根源，好朋友（甚至是好心的陌生人）的回應都會帶著同情而非嫌惡的態度。

陌生的身體

第三孕期會發生的另一個改變（如果妳還沒看到的話），就是照鏡子時妳所看到的影像。妳在第二孕期已經開始適應體重增加，準備孕育寶寶。隨著懷孕日久，也會愈來愈重；與其說妳看起來大了一號，不如說，妳再也不認得自己的身體了。

過去的衣服幾乎都穿不下了，儘管有些女性喜歡穿上孕婦裝的感覺，但也有人覺得，過去認同的自我，有些面向已經逐漸失聯。對多數人來說，衣服反映了我們在實際層面與心理層面上如何看待自己，以及我們希望別人看到的模樣。因此，沒法穿上過去的服飾，可能讓人難以忍受。

有位患者說：「我開始找孕婦裝時，從朋友那裡接收二手衣，但實在穿不出『我』的風格。起先覺得很遜，然後感覺很糟糕。後來有陣子我拒穿孕婦裝，就用自己一般的開襟毛衣創意搭配彈性緊身褲跟皮帶。從我本來的風格找出變化版，的確能讓人精神一振。那些穿搭保守的『媽媽風格』孕婦裝簡直令人難過！」

她是利用IPT方法，透過改變衣著風格，定義自己經驗到的角色變化，從中反思風格對身分認同的重要性，並認知到服裝給她的感受。她沒有執著於過去的角色（像是硬要塞進舊衣服）也沒有否定自己的感覺（所以她不想穿上無法襯托自己的孕婦裝），而是想辦法適應身形變化，用點創意調整，來保留自己的風格與自我認同。對她來說，找出適合自己的型，有助於控制自己面對懷孕期間身分變化。找到合適的衣著並不需要深層的洞察，但對她來說，對自己的外表能保持良好的心理觀感，是維護自尊的關鍵。

這些變化似乎相當表面（這沒什麼不好，衣著改變的確是表面的干預），但思考妳的外表，可能會比較清楚孕期時，妳想保留什麼樣的形象。就這位患者來說，她想保留原有的衣服；但另一個患者，可能再累也要花時間維護髮型，那麼對她來說，放下費時的吹乾定型，找到不用費力保養的時髦短髮造型，可能就是讓她滿意的方式。每個女人都不一樣，搞清楚自己的信心和自我感覺良好的根源，這很重要。

眾人的眼光

現在，妳的肚子非常顯眼了，某種程度上，妳的私領域算是攤在大眾關注的眼光下。光看妳一眼，誰都知道妳上過床、懷了孩子——這輩子極少有這種如此私密卻毫無隱私可言的事。或許妳曾在別的時候像是妳露出自己的刺青、骨折打上石膏，或是體重大幅驟減，而承受他人關注。

但妳的外表可從來不像懷孕大肚子那樣，揭露出妳的親密關係。而且刺青可以遮掩，第三孕期的肚子可根本藏不住。

每個人對自己懷孕身形的公開面向，感受都不同。有些女性覺得自己懷孕的身體非常美而引以為傲，展現身材的自信遠高過自己以往任何時期。有些則感到脆弱而無地自容，需要更多空間避靜，來隔離自己，甚至在公共場所戴上耳機（可能也沒播放音樂），想要隔絕陌生人的攀談。

在公共場合妳想要（或不想）受到關注的程度，顯示妳個人界限在某方面的感受；個人界限也牽涉到妳在公共場合談論私事或私密感受。正如妳可能不想跟不熟的人討論宗教、金錢或政治，懷孕或許是妳認定公開場合也不宜提起的話題，當然也不應該跟不熟的人討論。甚至連同事無意的「妳感覺怎樣？」也可能讓妳不快，特別是妳如果身體已經不舒服，想要把胃泛酸和腳踝腫脹剔除在午餐話題之外，工作時也只想專心做事。

有些陌生人的侵略性超越了個人問題，還加上身體接觸。我們幾乎每位患者起碼都碰過一次陌生人未經許可就伸手摸她肚子。有些女性認為這是一種正面的感情聯繫，有些置之一笑，但有些則感到被侵犯了。這些感受都沒錯。

裝著寶寶的容器

為什麼這麼多人一碰到孕婦，就忘了尊重隱私的一般規則？對這種情況的悲觀理解是，懷孕會抹去女人的個人性，人們開始將她看做是裝著寶寶的容器。但另外有個比較正面的結構；懷孕的身體是個有力量的象徵，喚起所有人的強烈情感——將新生命帶入世界的希望和力量，或者是回想起過去，而生出的感性與憐愛。

有位患者說：「如果有人發表意見而我剛好心情不錯，我會覺得懷孕的身體某種程度上屬於所有人——新的生命、物種的未來。所以大家對它感到興奮也說得通，就像普遍正面的心態。」許多人會以「母神神話」的視角看待妳，理想化每個懷孕經歷和每個孕婦。人們把妳視為地球母親、平靜安詳，以及樂於助人——包括妳回應了叫住妳的路人，他們的情感需求。

另有位患者描述了她在第三孕期碰到路人搭訕的應對方式：「陌生人找我講話，其實我真的沒關係。我從小就生長在意見很多的家庭，所以習慣左耳進右耳出。但是不先問問就伸手摸肚子是另一回事。我第一次碰到時，非常震驚，但什麼也沒說。因此，我準備好下次碰到的說詞：『不可以摸。』沒錯，後來又碰到很多個下次。」

有時候，路人和熟人對懷孕的評論，會針對妳的外表，這可能也挺難處理。有些女性面對陌生人稱讚她們的體型轉變，會覺得受到重視與呵護。有位患者告訴我們，街上的人們告訴她：她看起來很美，讓她感到自豪、得到認同。但同一句話，在另一位患者耳中卻變成：她以前看起來沒這麼美；正面稱讚有時也可能刺傷他人。有位患者告訴我們：「我討厭聽到女人彼此讚美說「妳光是肚子大而已欸。」因為這背後的意思是，除了肚子變大，身體其他部分仍然很苗條。而我的身體碰到懷孕可不是這樣！」另有位患者告訴我們：「我的大兒子不是要刻薄，但他真的這樣說：『我不知道屁股也會懷孕欸』，因為從後面看我的屁股實在太寬。妳無法控制孕期體重的增加。只要有人對我的身體發表評論，我就覺得自己像是一塊肉。」

不請自來的建議

妳的孕肚清晰可見，可能招來陌生人的評論，即便與外表無涉，但同樣讓妳感到被批判。當妳多點一份濃縮咖啡時，咖啡師可能斜看妳一眼；妳在餐廳選了薯條而非沙拉，女服務生可能搖頭表示不以為然。妳姑媽可能會指出妳看起來好累，建議妳在寶寶出生前就開始休產假。

這些不請自來的評論可能會使妳感到被物化，人們似乎只當妳是「生小孩的」，就因為妳大肚子，他們就自以為了解妳的生活，沒把妳當成完整的個體。他們可能以為，妳都懷孕了，那腦子裡只該有懷孕這件事，但這個假設或許只反映了對方的想法。當妳懷孕時，某些人（無論男女老少）會盯著妳，並陷入自己的心理狀態，於是只能想到自己對懷孕的感受；難怪他們對妳的身體出現如此強烈的反應。

正如我們有位患者分享的經歷：「每個找我說話的老太太和中年媽媽，都一副她對懷孕和育兒擁有世上最好的建議。女人能這樣活靈活現的記住懷孕過程，真是令人吃驚。」

設立情緒疆界

為什麼某些女性（包括其他母親）一講到懷孕，就忘了謹慎給出建議這回事？多數人只是想提供幫助，有時他們的建議可能的確會給妳一點支持。有些人可能因為自己懷孕的回憶而感動，以至於根本沒想到自己的回饋會給妳什麼感受。其他人可能以為是幫妳打預防針，避免厄運，或提前為冷酷的現實做準備。

有患者告訴我們：「我的公婆不是特別積極樂觀的人，但是在第三孕期，他們變得更超過了。我每次看到他們，總會聽到『這會比妳想的更辛苦！』還有『趁現在盡量多睡一點！』我覺得他們想嚇唬我，或者是要說服我養孩子是件不快樂的事，以合理化他們過去的辛苦與不快。」

即使建議本身是有益也有建設性，但背後的好意依舊讓妳感到受傷。

另有位患者告訴我們，舉辦準媽媽派對時，有個朋友走向她，分享自己的生產和急診剖腹的故事。沒錯，結局皆大歡喜，一切都進展順利，但是我們的患者並不想特地知道這些令人恐懼的細節，更不想在歡樂的聚會時聽到。這位朋友分享這個故事的本意，是以為這可能會有幫助，因為她自己習慣事前盤算最壞的情況，以此鎮定自己。我們的患者不得不跟她解釋，這些資訊給她更多壓力，更加無助。她決定保護自己的情感界線，於是告訴朋友：「我知道妳想幫我，這些經歷對妳來說真的很辛苦，但我現在實在不想談這個，想像最壞狀況會給我太大壓力。」

我們鼓勵妳參考她的處理方式，設立自己的情緒疆界，應付所有給妳第三孕期建議的人。當另一個女人分享自己的生產經過，可能是希望跟妳建立情感連結，或是提供一些她希望有人早點告訴她的訊息。但妳完全可以不必知道他們的經歷。

解題練習

應付無能為力的評論

如果這些評論和建議使妳感到無能為力，或煩躁不安，請思考下面幾點：

- 請記住，這是他們的經歷

妳可以直接詢問對方的經歷，閃掉過於雞婆的建議。如果同事告訴妳該好好躺著，以免腳踝太腫，妳可以說：「是嗎，我的腳挺好的啊。妳懷孕時腳踝有很腫嗎？」

- **參考就好，不用買單**

試著把這些建議看做是逛街，妳可以看看就好，也許過一陣子回來試穿，不是非買不可。

- **當做是心理建設**

有些人不只是對陌生人的懷孕指指點點，就連別人的教養方式也有意見。學著如何在受到干擾時拉開距離，這是當父母的好習慣。從孩子外套是否夠暖，到孩子在餐館裡的舉止，妳未來要處理的各方指教還很多。

- **一笑置之**

以幽默態度來緩和直接斥責：「小心大肚子！」我們有位患者的方式是，碰到陌生人摸她肚子，她就伸手摸回去。她覺得很好玩，而且也清楚讓對方知道，這種行為多麼不恰當。

- **明講**

練習用輕快語氣說：「好喔，感謝！」然後走開。如果妳不想聽到對方的洩氣經驗，可以說：「妳的經歷真讓人遺憾，但現在講這個會讓我緊張。」如果有人問了刺探性問題，妳可以說：「我不想講這個。」而如果有人未經許可碰了妳，妳完全可以直接叫對方停手。

了解更多

我該舉辦準媽媽派對嗎？

首先，準媽媽派對並不是每個宗教和文化共通的儀式。如果這不屬於妳的文化傳統，應請大家理解，把慶祝活動跟禮物留到寶寶出世之後，或根據自己的喜好進行調整。

儘管憤世嫉俗的經濟學家會指出，準媽媽派對和寶寶禮物登記（registries）是種文化操縱，迫使我們「買更多東西」，但從好處看，這習俗的好處不只一個。準媽媽派對是個社群聚會的儀式，在妳面臨這快樂又充滿挑戰的過渡階段裡，為妳加油打氣。身分與人生階段的轉換，屬於人類學家所謂的「轉大人」。這是個含糊不明確、匆匆經歷但無法駐留的過渡狀態。由於轉換讓人情緒起伏，左支右絀，各個文化為了支持經歷這個階段的人，於是發展出儀式，其一就是準媽媽派對。

準媽媽派對是妳的社群給妳支持。從實際角度來看，禮物登記是藉由提供新生嬰兒所需的用品，減輕父母的財務壓力。派對本身可能是一個有趣的藉口，可以透過舉行聚會、在寶寶出世前，最後一次與妳親愛的親友們同樂。有個能安撫心情的女性團體（或各個性別的人）包圍著妳，妳可以跟她們討教與尋求支持，派對本身會提醒妳，妳並不孤單。

體察所愛之人的感受

另一方面，準媽媽派對也跟多數家庭聚會一樣，可能造成很大壓力。如果妳的嫂嫂把這當成炫耀她的新家的機會，或母親跟阿姨對於要不要提供酒精爭執不休，妳最終可能是被一群只關注自己需求的人包圍，於是對支持系統感到失望。這可是小自三人、大到百人的聚會（而且主要是親戚），妳很難不碰到自己喜歡的人，以及總是惹怒妳的成員。

即使妳確實不想舉行派對，但碰到渴望幫妳舉辦派對的家人，可能很難說「不」。或許妳會同意讓母親最好的朋友為妳辦個聚會，因為妳母親想要她辦。我們平常難免會為了體察自己所愛之人的感受，而做出某些決定。如果那是妳同意聚會的原因，請隨時提醒自己，妳是為他們（而不是自己）才做這件事，特別是碰到某些令人惱怒或感到不便的時刻。最後，或許妳可能會喜出望外；雖然妳不喜歡派對，但妳看到母親（或姐姐或最好的朋友）有多開心時，妳也覺得這派對真不錯。

最後提醒一下，準媽媽派對只是個選項。有時不想辦派對只是個內向／外向性格的展現。如果妳不習慣成為關注焦點，碰到人群就覺得精力被吸乾，妳可能會發現派對這件事真是負擔沉重，寧願只跟兩個好朋友還有媽媽吃頓早午餐就好了。有位新手媽媽的家人住在很遠的另一頭，她解釋了計劃派對時如何做出讓步：「我辦了個小派對，大部分只請了朋友。

因為要家人再次搭飛機來看我吃東西跟打開禮物，好像太大費周章了。」

感受溫暖接納

也可思考一下，妳覺得最開心的是參加哪種形式的派對，這會有點幫助。請記住，如果妳答應辦派對，那就不必當個被動的參與者。說出妳想要和不想要的，妳可以管制賓客名單，只請妳想請的人。妳可以不安排遊戲、婉拒沒列在禮物清單的品項，或者根本不收禮。我們有位患者把派對改成這樣：「我們辦了個非傳統的派對。與其遵照只請女生參加的傳統早午餐或茶會，我們決定在客廳舉辦一場週六晚間的休閒聚會，都是好朋友（沒有親戚），放點音樂、喝點酒。我們之所以不收禮，是因為要求預算拮据的朋友為我們買東西真是失禮。我們只想好好聚聚，因為寶寶出生後，想再跟朋友聚會可是難上加難，這個派對為我們的孕前社交生活，跟未來成為父母的日子，搭起一座橋樑。」

如果妳不想要求別人買禮物給妳，但又需要外界支援準備嬰兒用品，妳可以請這個團體裡的媽媽帶些她們想轉送的任何物品，或是跟她們商借。這不僅節省大家的開支，而且妳會真正了解朋友在用、且寶寶最合用的東西。有位患者解釋：「我的多數朋友和表親的孩子都大了，她們帶來以前用過而且十分喜愛的東西。這些別人珍愛的被子、用品和包屁衣，給我滿滿的信心。用她們傳給我的嬰兒用品小物，讓我感受到這個社群的溫暖接納。」

許多女性告訴我們，她們發現寶寶禮物登記是個大工程。市面上嬰兒產品的選擇真是五花八門。有些人喜歡研究這個，從中了解趨勢與新知，充分準備。妳可以上網搜尋研究，也可以問問妳認識也信任的媽媽們。但請記住，如果妳不辦禮物登記，有些朋友和家人還是會買禮物給妳——按照他們自己的意思選購。所以妳還是要盡量講清楚自己的需要和期望。

調整財務計畫

升格父母的伴侶們，有各種經濟上的規畫。有人將錢集中在單一聯合帳戶，有人則各自擁有獨立帳戶但共同持有一張信用卡，有人會將所有的錢分成一半，而另一些人則完全各自獨立。當然，單親媽媽或是沒有伴侶的父母，也另有針對自己需求的財務安排。

既然孩子會為財務安排增加新的負擔，那麼妳不僅要重新思考，在孩子正式出生後的預算安排，還要通盤調整財務計畫。對某些夫婦來說，第三孕期會開始這些討論，但有些熱心的理財規畫顧問會提前進行。我們鼓勵妳在寶寶降生前商量規劃；一方面，新生兒哭鬧不休時，幾乎不可能保持頭腦清醒並規劃財務；另一方面，早在寶寶出生前，妳就得花錢準備嬰兒用品了，像是衣服、尿布、保健、交通和育兒費用（即便妳會待在家裡照顧寶寶，有時也需要請保母），這數字很快就疊上去了。

有孩子的伴侶往往發現，經濟問題往往牽涉到時間和育兒。現在以及接下來的十（幾）年，每次妳想要或需要放下孩子去做某些事（如：工作、與伴侶或朋友約會、去運動），妳都不得不找人照顧孩子，而且大部分時間都得花錢請人。

妳必須決定還有哪些開銷應該支付。妳會付錢讓人幫妳打掃房間、燙衣服嗎？妳會自己做飯，還是叫外賣或調理食品？何時應該花錢買這些服務，或自己花時間處理，妳和伴侶的看法可能不同。

如果妳跟伴侶還沒有決定如何處理寶寶相關的開銷，建議你們現在就開始討論。妳應該仔細查核目前的信用卡對帳單和銀行帳戶，了解自己在懷孕前的支出方式。然後教育自己（參見參考資源）有關育兒的費用，弄清楚妳負擔得起哪些，又必須減少什麼支出，以及由誰來支付特定費用。

即便你們當中有人覺得自己「對錢沒概念」，希望另一半負責處理，我們還是建議你們思考這些財務決定，這些決定會影響到兩人的生活。除了計劃新生兒相關的新支出，這也是個重要時機來討論任何與雙方花錢模式相關的歧異。妳的伴侶明明可以在電腦上看片，卻選了昂貴的有線電視月費，這會讓妳生氣嗎？他對妳繳了健身房會費（但又不常去）會有意見嗎？你們是否同意待在家裡自己煮可以省錢，但是兩人都討厭做飯，而且生氣對方沒有主動出手？現在是檢討這些持續存在的分歧的好時機，避免因為新生兒帶來財務和情緒壓力而加深裂痕。對你們來說，何謂實際與「公平」？

反思原生家庭

金錢或許是關係中的實際層面，但也牽涉心理層面，並根植於個人認同的許多面向。當妳成為父母，花錢方式的改變可能會影響兩人的日常、親近程度和自我感受。每個人對支出的心理反應各不相同，因此妳和伴侶對這個調整的感受可能也不同。

妳成立了新家庭，妳對家庭消費的整體態度，很可能連結到幼時看到原生家庭處理財務狀況的感受。如果父母撙節開支，也把妳教得很好，那麼妳看到伴侶不善理財，或許覺得挫敗。但如果規劃預算讓妳百味雜陳，請思考妳對自小的理財教育到底有何反應（或反感）。父母是否太過儉省，以至於妳從來沒有花錢享受娛樂休閒，現在妳想要花自己賺的錢，不打算存錢？妳是否自小過得困窘，長大後即使找到一份高薪工作，依舊對自己的銀行數字充滿焦慮？父母是否一直為錢吵架，讓妳根本不敢跟伴侶討論預算？

如果妳和伴侶最後還是為了錢起爭執，請問問自己，是否太過努力維護（或說捍衛）自小習慣的金錢模式。如果妳擔心幼年時看到的經濟問題重複出現，或急著解決過去的模式，那麼妳或許變得過於固執，不肯妥協。

如果妳覺得格外敏感，請找個方式告訴伴侶，這些恐懼的背後原因，讓對方理解這份焦慮並非憤怒或操控，而是妳對花錢這件事的強烈情緒。即便兩人沒有共識，妳也可以想辦法商量，起碼了解彼此原生家庭的過去，才能同理伴侶對金錢的觀感。另一個好辦法是，閱讀個人理財專家的建議，了解第三者的意見，或者閱讀家庭理財如何運作的思考方向。現在進行這些討論是值得的，找到有建設的妥協方式，別等到寶寶出世，到時候不只錢不夠，連覺都睡不夠。

計畫趕不上變化

有時，儘管制定了最周全的計畫，還是難以避免財務壓力。例如，妳打算與伴侶一起照料寶寶，但剖腹產或生產併發症突如其來，妳需要時間復原，必須請幫手來照顧寶寶。如果妳發現餵母乳有困難，也可能需要聘請預算以外的哺乳顧問，或者添購配方奶可能墊高妳的雜支。

其他無法預期的財務事件可能牽涉到妳的收入來源。由於生育年齡與多數夫妻在職場打拚的時間重疊（而且工作可能還沒穩定）。於是成為新手父母時，工作和收入往往會出現變化，我們建議妳要把這些潛在挑戰考慮進去。

有位患者在第二次懷孕初期就面臨這樣的情況：「懷第二個孩子時，大女兒才兩歲。我和先生都有新工作。我們認為最頭痛的是我沒有產假（因為才剛到任不久），但是在我第十四週產檢那天，我先生被解雇了。我現在想到仍然能感受到那時胃揪在一起的疼痛，我們決定先不告訴任何人解雇的事，以免他感到任何社會壓力。我一直在努力尋求支持，但實在感到非常緊繃。」她最終決定告訴家人，先生失業了，於是她母親來同住，幫忙照顧大女兒。她先生發現，保守祕密比向外求助要痛苦得多，於是最終跟父母借了一筆錢，直到找到新工作。因為他們的伴侶關係以及雙方的家庭，具備相互支持和溝通的堅實基礎，所以這對夫婦能夠擺脫困境，安然度過這個經濟（與情感）的艱困時刻。

如果妳與父母的關係很緊張，跟他們借錢可能讓妳自覺被當成孩子看待，也或者妳不願放下自我，接受他們的批評或探問：「為什麼妳不找個產假長一點的工作？」或「為什麼妳伴侶不付這個錢？他工作不穩定嗎？」妳和伴侶需要共同決定，為了財務穩定能做出哪些犧牲。當然，也不是所有夫婦碰到緊急情況都有娘家或婆家可以提供經濟援助。

解題練習

如果從雙薪到單薪

如果妳或伴侶會放棄工作，待在家裡帶孩子，我們建議你們討論下列問題。這些問題不好談，要跨越不少心理障礙，但非常重要。

- 放棄工作的那一方如何獲得資金？比方說，如果妳是在家帶小孩的媽媽（或是爸爸），妳可能不想跟伴侶要錢去買妳以前自己瞞著對方蒐購的心頭好。不得不跟伴侶商量妳要花多少錢購買已經用了多年的昂貴面霜或名牌牛仔褲──這讓妳感到一無是處，而無疑會給關係帶來壓力。沒有收入的那一方其實是在家中「上班」的，也就是照顧寶寶，在日常的小額採購以及較大筆的財務決策仍然有發言資格。即使妳們一直將所有收入支出匯總在一起，此時考慮為兩人各自擁有獨立於家庭收支以外的個人帳戶，根據自己的需要使用，這可能有幫助。
- 妳要如何共同監控預算？如果兩人之中，只有一個主要照護者，那麼次要照護者在與嬰兒相關的支出上，握有發言權嗎？例如，如果多數時候推嬰兒車的是妳，那麼要花多少購買特定車型是妳說了算，還是伴侶也可以出意見？如果妳的伴侶大部分時間都在外工作，認定妳在家也沒賺錢，所以認為每週請一次保母（好讓妳可以小睡、運動，或處理雜務）根本浪費錢，那麼你們對這個決定的影響比重如何？事前想好決定，可以避免日後爭論誰該負責哪部分的家庭預算。

- 關於家事：如果你們其中之一要從外出工作改為居家父母，他是否也得負責烹飪、打掃，洗衣等所有家事？角色轉變會如何影響妳的辦事行程？外出工作的伴侶在週末時是否該接手更多的家事或育兒工作，好讓主要照料者稍事喘息？

建立後援

到了第三孕期，是該思考臨時或長期請家人協助托嬰了。在許多文化中，媽媽的女性親戚會在生產後，和他住上幾天或幾週。對很多美國家庭來說，這可不是理所當然的事，但依舊是不少媽媽們心中的好方案。如果妳與母親、婆婆或家庭中的其他女性關係不錯，加上她們有空，如果沒自願提出要幫忙，那麼妳可能得麻煩她們在寶寶出生後來陪妳，或常常來看妳。（當然，這適用於任何有意願幫忙、值得信賴的親戚，或非常親密的朋友，包括叔叔和父親。）別等他們主動開口，就算他們沒有主動要求擔任幫手，也不代表他們不願意。根據我們的經驗，有些祖父母比較喜歡後輩來請託，讓他們感到被需要；而且又尊重妳的界限，再理想不過了。有些人以為妳不需要幫忙，其實只要妳開口，大家都願意伸出援手。

當然，他們沒主動提議幫忙，可能是欠缺興趣，或者愛莫能助，並且他們要不拒絕，要不就是勉為其難（並且可能會幫倒忙，像是輪到照顧寶寶那天卻托辭生病）。妳無法預測他們會不會幫，又怎麼幫，但是妳提出要求時，盡可能具體明確，會比較有用，而且要確認妳的請求或邀請有預留轉圜空間，讓對方婉拒，或選一個不同的、或更輕鬆地協助方式。等待家人自告奮勇，看穿妳的心意，這只會導致誤解和失望，雖然妳不會因為覺得自己逼太緊而感到內疚。

評估情緒成本

在寶寶降生前，有些親戚可能主動詢問新手爸媽，是否能幫忙托嬰或臨時顧小孩，煮頓飯，來換取一些酬勞。這是挺實用的提議，但背後的沒明說的義務或附加的情感牽扯，心理上感覺就有些複雜。如果妳的母親每週三來帶小孩，她會希望妳大略報告一整週來照顧寶寶的方式嗎？或是妳覺得她會自行其是，不尊重妳的決定？如果妳的怪阿姨自願陪妳住一星期，那麼她的出現會對妳的伴侶關係造成太大壓力嗎？還是妳自覺需要好好招待她？如果接受這些幫助或勞務的情緒成本過高，而妳其實沒有幫手也能辦到，那麼不要害怕拒絕。如果妳接受，請明白告訴家人，妳知道這些人情與援助背後的情感意義。

妳和伴侶對於找家人幫忙，可能有不同看法。我們有位患者希望從醫院回家後找母親陪她和寶寶一起住。她知道母親很樂意承擔一些家務，例如洗衣和做飯，幫忙的同時也能給些建議。她的先生聽到這個計畫感到很受傷，因為他一直希望休假兩週跟她一起帶小孩，因為這是他們與寶寶建立關係的最好時光。儘管我們的患者很欣賞伴侶的用心，但她也知道先生不擅長做飯，也擔心她最終會因為先生處理不好家務，而感到筋疲力盡。她對先生解釋，儘管母親可能有時會影響到這個新家庭的親密時光，但母親接手先生不擅長、她又太累而無法處理的一切家務，也能讓他們多出時間來照顧嬰兒。她的丈夫儘管不情願，但她答應，如果母親的到來弊多於利，她會縮短這段時間，也會讓母親維持一個彈性的時間表。於是他們也認為，與其拒絕外界幫忙，這會是更好的計畫。

如果妳或妳的伴侶決定，不要與家人同住或請求幫忙，或是沒有家人能幫忙，請思考存下一筆費用支應托育需要。這樣妳才有空檔去看醫生、辦事或補眠。

如果沒錢找人托嬰，也可以問問鄰居其他母親，碰到生病或需要幫手照顧嬰兒時會怎麼辦。在某些社區，有些父母會相互支援，有些父母會合力聘請托兒專業人員，又名「共享保母」，還有其他各種兼具靈活與創意的選項。照看寶寶已經是筋疲力盡，即便只是一兩個小時，妳也需要喘口氣。休息的好處不僅實際有用，而且也帶來心理安慰。因為每天每夜負責照顧幼弱的寶寶，對任何人來說都是沉重的負擔，很容易累垮。

第四章

待產與分娩

——我害怕！

生產這件事，是生命中最自然不過又最超自然的經驗之一。理性上看，我們知道身體設計就是可以孕育生命。但是，在身體裡養大一個人，然後把他從陰道推出，伸出手臂擁抱他的整個流程，聽來更像是科幻小說或恐怖小說，而不是現實生活。妳的理性上知道自己即將生產，但這就像死亡，情感層面委實很難揣想。

即便妳試著搞清楚即將發生的狀況，沒生過的人也實在很難想像生產的場景。妳可能對這個過程有些想像，這些都是意圖與願望的計畫。為了將幻想和現實區隔開來，不如好好思考妳一直以來對生產的想像，以及妳聽說的生產經過，將帶給妳何種預期，這會有幫助；也許妳有個表姊描述自然產是發生在她身上最美好的經驗，也或者有個姊姊熱切鼓吹硬膜外麻醉無痛生產；又或許妳認識一個患上可怕併發症的朋友。

文化也影響我們對生產的想法；也許妳在電影《好孕臨門》看到慌亂好笑又迷人的凱瑟琳．海格（Katherine Heigl），想著生產對寶寶和妳的伴侶都會增加親密的浪漫經驗；也許妳因為一則悲慘的新聞而心生恐懼。也許屢獲獎項的紀錄片《新生兒產業》（*The Business of Being Born*）讓妳大開眼界，擔心著被醫療系統欺負。

即便當前的醫療選項林林總總，待產與分娩、時間、地點以及與誰一起經歷的每個細節，都不可能由妳完全掌控。因此，當許多事依舊未知，妳如何在情緒和心理上為生產做好準備？

生產恐懼

生產沒有唯一「正確」的感受方式，就像妳剛發現自己懷孕，或孕期中任何「急轉直下」的情節，恐慌與興奮是家常便飯。對於許多女性來說，這令人暈眩的渴望有如觸電：經過多年的等待，數月來體內感受到寶寶的存在，此刻終於要相見了！有些人則是很期待身體不便與不適的狀況趕快中止：快把這東西從我身上拿走！紛亂的情緒往往讓人緊張，對某些女性來說，這些情緒會混合了害怕甚至驚恐。我們可以保證，對生產的恐懼與生產風險的增加毫無關聯。這是一生中最重要的日子，擔心是很自然的，尤其是其中很多環節都無法控制。

有些女性面臨分娩的龐大未知數，採取接受與交給命運的方式。這些人的心態是「多一事不如少一事」：他們的防衛態度可能健康（有時也可能不健康），我們稱之為「否定一切」，不去擔心假設性的問題，直到具體問題真的出現，等他們解決。這裡的「否定」不光是字面意思，「多一事不如少一事」的人並不是認為不去想生產，生產這事就不存在，而是刻意不要去想它，那麼壓力少一點，生起來更輕鬆。如果妳是這樣的心態，思考潛在後果只會讓妳更心慌，那麼請跳過以下段落，因為我們會講到並定義某些最常見的生產恐懼。

有些女性則是需要思考所有可能的狀態，包括最壞的景況，才能感到安心。擁有這種心理特質的人，會採取使用不同類型的防衛態度（可能健康，有時或許不健康）：理智化（intellectualization）。如果妳是這樣的人，就會正視恐懼，並思索預測未來，不論假想的狀況有多可怕。破除煩惱，感覺像是在昏暗詭異的房裡開了燈。如果為最壞情況作打算，能讓妳感到更有準備，那麼下個段落應該能帶給妳不少策略選項與安心感受。

恐懼的原因與對策

有不少女性都對於生產夾雜各種期待的恐懼（不論承認與否）。這種從未經歷過的極端身體經驗，誰不會感到焦慮呢？在參加馬拉松之前，每個人起碼都有點害怕吧？妳自然會問自己：如果我辦不到的話，該怎麼辦？

況且，生產的風險比完成比賽要高得多，這更令人生畏：畢竟這風險攸關性命。生產有夠嚇人的；每個人或多或少都有這種感覺，我們認為妳不必為了自己的恐懼感到羞恥。如果妳嚇得要死，可以找個自己的鎮靜咒語，或者隨時利用我們的口頭禪：

- **緊張是正常的。**
- **恐懼只是一種感覺。**

我們發現，當我們驗證大多數的恐懼與實際發生的可能性時，可以幫助患者，並提醒他們，對生產的憂慮並不能預示任何生產的實際問題。換句話說，想像一個最壞的情況與之後發生的某件壞事沒有任何關聯，這只表示妳的想像力十分生動（而且很可能太過發達）。

有些人的擔憂，反映在身體緊繃、疼痛或心跳加速。恐懼使妳難以入睡、進食，也無法專心工作。一想到危險，身體的戰鬥或逃跑反應會遭到觸發，分泌腎上腺素，心跳與血壓上升。如果這種感覺出現，建議妳先安定神經，避免陷入頭腦的思考。呼吸、冥想、瑜伽、按摩或其他分散注意且讓妳愉快的活動，例如跟朋友相聚，或是看電視、看書，這有助於提醒身體和大腦，目前並沒有任何危險狀況，即便妳正用想像力構造出可怕的情況。

一旦找到讓自己冷靜思考的方法，或許妳能對信任的人或在日記中描述妳的恐懼。有時，定義妳的煩惱，有助於馴化煩惱。這樣明確化的過程，帶給妳更多掌控感，以了解自己對生產的恐懼是否牽涉到其他可怕經歷。根據我們的經驗，生產前的恐懼通常分為以下幾種：

●怕痛

生產實際上是什麼感覺？妳可能收到過很多憂喜參半的說法：「根本是地獄。糟透了，我再也不想懷孕了。」另一個對比是：「感覺既光榮又神聖——我從來沒有如此相信自己的能量與力量。」還有就是「挺過去就是了，反正也不會記得什麼啦。」另一種是「乖乖吃藥，其他都讓醫生去處理。」如果妳像許多人一樣很怕劇痛，請記住，現代醫學可以提供很多幫助，使用藥物和技術來減輕妳的疼痛沒什麼不妥。

有位患者告訴我們：「一旦我決定要做無痛生產，我對生產的恐懼就消失了七成五。我知道一切都可能出錯，而且仍然有很多未知數，但是得知身體疼痛可以交給醫生，這真是令人欣慰。」消除生產的痛苦並不會讓妳的母性少掉一絲一毫，這只是個創造最佳生產經驗的選擇。

如果妳不希望使用藥物，還有許多儀式能幫助生產，這些儀式的歷史可以追溯至人類起源，而且這些技巧多數跟呼吸有關，還有視覺化，以及其他心智與身體方面的技巧──參加生產講座或是與助產士諮商，也是了解這些技巧的途徑（請參閱參考資源）。

有位患者說：「不管妳有多怕痛，都要記住，這疼痛不同於孕期的其他類型疼痛（痔瘡、背痛），生產的疼痛非常劇烈（至少在身體上），但在某種程度上只是暫時的。康復需要時間，但對我而言，疼痛沒有持續太久。而且，與生活中遭遇多數疼痛的差異是，生產的疼痛並不代表身體出了問題，而是身體正經歷非常強烈的轉變。我用這樣的咒語──痛是有目的的，因為我知道這疼痛是為了將寶寶帶來我身邊。」

•擔心失控

生產是由來已久、原始的生命象徵——這個經驗的強度，遠遠超過妳過去的經歷。如果妳需要掌控與計劃一切，才能感到舒適安心，那麼生產絕對會動搖拆解這個基礎。妳的身體和寶寶會出些妳無法預測也無法控制的狀況。生產計畫（本章稍後會討論）很有用處，但這也不是個保證，當然不會確保妳能穩穩控制駕駛盤。

有位患者本身是陪產士，她分享了自己在家生產的夢想，以及對「可能無法依照女性天生本能進行自然產」的恐懼。對她而言，自然產關係到她的價值與專業身分，她擔心醫療干預會讓她失去自己，也失去她相信的一切。所以她需要好好想一下是否給自己太大壓力，如果生產沒有按照她的計畫進行，她這一生中最重要的考驗就無法拿到「A」。即便是這樣的生產專業人士都需要提醒自己，身體有自己的思考，這有助於她保持客觀角度。

對某些女性來說，害怕失控，可能是連結到過去的創傷經歷，包括身體、性或情感，因此這種恐懼會特別深刻。在陌生人林立的房間裡張開雙腿，而這些人未必會說明目前正做些什麼，甚至沒有徵求妳同意，這可能觸及某些女性過去經歷最暴力的回憶。如果妳想到過去的創傷經歷，即便這些經過與生殖器和性生活無關，我們建議妳與負責接生的專業人員討論，這是生產前準備的一部分。妳的生產計畫可以有許多選項，幫助妳安心生產：妳希望找全是女性的助產士或婦產科醫生嗎？所有進入產房的人是否要先徵求妳同意才能觸碰妳？考慮尋找受過創傷經驗培訓的陪產士嗎？這個章節後段會繼續討論與生產有關的創傷。當然計畫不可能一成不變，但這是個與執業醫師討論需求的寶貴機會。

●害怕丟臉

對某些女性來說，害怕生產疼痛，還比不上赤身露體無所遁逃的恐懼——在產檯上張開雙腿、汗流浹背、驚聲尖叫、破水而體液流竄，有時甚至糞便失禁；對多數女性而言，這只是整個待產與分娩過程裡的短暫片刻，但就是有可能會發生。不管妳是擔心別人聽到妳忍不住斥罵伴侶，還是因為他們看到妳排便或露出陰毛而感到尷尬，請記住，產房裡不受社會禮節及常規約束。醫生、助產士和其他專業人員什麼場面都見過了，如果妳擔心伴侶會看到些什麼，請讀下去——我們會提供更多建議，幫助妳在生產前就事先討論相關問題，讓雙方安心。

總之，對多數女性而言，生產是個讓妳忘記當下尷尬的絕妙途徑。有位極端保守拘謹的患者說：「等到真的躺上產檯時，我對光著身子已經無所謂了。其實我甚至不會在我媽面前換運動服。我心底最深層的念頭是謙卑——我只想要我的寶寶。」沒錯，「害怕丟臉」有時是所有女性最擔心的事，所以我們聽過無數患者表達對失禁的相同看法。此刻，妳和產房裡的任何人都不會在意，妳正忙著把寶寶推出來，這也是每個人唯一的念頭。

過度醫療干預

無論妳計劃在家生產、安排剖腹日期，還是對兩種選擇保持開放，還是不免擔心生產時可能發生的醫療干預和併發症。有些人想起醫院就緊張、不喜歡在醫院逗留；有些人則是面臨潛在併發症風險：要是出問題該怎麼辦？

我們建議妳與醫生談談這些恐懼。妳可以了解緊急狀況的機率有多低，也談談醫療人員會如何處理。如果妳計劃在家生產，可以跟助產士討論，若是遇到併發症會是什麼情形。她可以告訴妳送醫的可能性，以及醫院將如何協助妳的需求。

如果妳很怕在醫院多待一秒，但可能需要到醫院生產，妳可以提醒自己：請專注在妳的生產經驗。生產完後，妳對寶寶和自己復原的疑慮可能完全兩樣了。醫院裡每個人主要目標都跟妳一致：產婦健康生產和寶寶健康落地。妳的生產未必會很完美，但是在過程中的另一面，也未必如妳想像中令人失望。當然，妳有權對自己的身體與照護相關的任何細節吹毛求疵或表達不滿，但這也是個很好的感恩練習，提醒自己，如果妳帶回家的是個健康寶寶，而且毫無併發症，那麼這就是個成功的生產。正如有位患者所描述的：「我想很多人都以為，醫院會逼妳做些妳不想做的事，這壞透了——但我的狀況並非如此。醫院當然不像按摩會館，也不是呵護感受的身心靈中心，醫院的目標是盡可能保護妳和寶寶，這給我非常大的安全感。我喜歡醫療專業人員掌控狀況，讓我專注在自己身上，將責任交託給他們。」

害怕無助感與求助

多數人在醫院當病人，都會感到無助——妳的身體狀況很脆弱，就算妳身強體健，面對這種望而生畏的龐大醫療機構，也會感到無所適從。如果妳原本就擔心失去控制，又害怕醫療介入，那就會特別擔心在這種脆弱狀態下住院，自覺就像一串病歷號碼，而這感受很普遍。在這樣需要支持的時刻，儘管有不少與醫院工作人員互動的負面經驗流傳，但我們聽到的正面故事也很多。有名患者告訴我們她在待產與分娩時與護理師建立的關係，生產期間及之後的幾個小時攙扶她去洗手間：「我覺得自己非常脆弱、疲倦、尷尬、無助、害怕和搖搖欲墜，但是護理師非常耐心地將我扶進洗手間，陪著我、給我支持與肯定。知道她陪我一起，聽到她跟我保證，一切都很正常，因為她看過無數婦女經歷這個過程，整件事都讓我感到安慰。」

不幸的是，我們確實也聽說了令人失望的就醫體驗。儘管這種行為沒有任何藉口，但這個現象有許多可能的解釋。在某些情況下，資金拮据的院方會向員工施加壓力，要求他們追求效率，而非仁心仁術。

住院時最惱人又喪氣的一面，就是無法控制自己的日常安排。正如一位女士所說：「每天早上，整個醫療團隊——醫學院的學生、護理師、每個人——早上六點就出現在我房裡，完全不管我是不是在睡覺就開燈，而我二十分鐘前才餵完奶，好不容易才可以睡了。我覺得他們根本不在乎我需要什麼，只管執行自己的時間表。」醫院的某些規定可能不容任何人更改，但是妳始終可以要求更改時間表，要求更多訊息，要求醫生或護理師多花點時間，以及獲得更多的身心支持。

害怕未知

最後，請記住，所有的擔心懼怕，都來自這段瘋狂而難以預測的旅程，這種緊繃畏懼，有點像是開始一段新關係或新工作；通常，這類經驗裡，最糟和最美好的部分都最不可預測。如果妳能將焦慮轉化為期待，或提醒自己擔心無濟於事，那麼妳也許可以放下某些負面想法。在不久的將來，可能下星期或下個月，妳就知道自己的生產過程究竟如何。除了面對與放下，別無他法。

另一個辦法是提醒自己，儘管醫療技術未竟完善，有時醫生過於主導而手段粗糙令人失望，在這個比以往都先進的時代生產，畢竟仍屬幸運。如果寶寶有醫療需求，多半都有對症的療法。如果妳有諸如陰道撕裂的問題，也有專家來幫妳復原。當然，對於可能出現的任何情緒困擾或精神疾病，也有許多有效的治療方法。

在待產與分娩過程中，盡量別擔心會有什麼「出錯」。請相信醫療團隊已經訓練有素，會全力幫助妳。這個醫療系統不會分分秒秒探問妳的需求，所以妳的唯一要務就是明白說出妳需要的幫助。生產過程不需要每個環節完美無缺，才生得出小孩，重要的是，最後妳能健健康康、復原良好、身心完整。

平衡恐懼的另一種感恩練習是提醒自己，能夠身體健康的生寶寶是多麼幸運的事，這並非誰都能做到。此外，妳還活著，這夠好運了。人類最基本的經歷：創造生命、感受愛、告別愛人與經驗一切，都牽涉到各種困難與煎熬，也伴隨著痛苦與恩典。有時，我們如此專注在自己欠缺的事物，以至於忘記看待眼前擁有的；妳和孩子一起經歷了生產，值得慶祝與表揚。

了解更多

令人焦慮的包皮環切術

包皮環切術或說割包皮，是猶太教、伊斯蘭教和其他宗教和文化的一環。在美國文化中也很普遍，可能會在寶寶出院前施作。有些兒科醫生會為了健康和衛生原因，建議施行包皮環切術，但也有人對這些好處與必要性提出異議。

有些父母對割包皮毫無疑慮或毫不考慮，而有些父母則難以決定。如果妳遇到這種情況，請不要強迫自己立即決定——寶寶不必一定得在出院前割包皮。

贊成或反對包皮環切術的論據都存在，我們鼓勵妳盡量找出符合自己狀況的科學研究。但是請注意，就像其他育兒決策一樣，這不是個沒通過就被當的考試。伴侶或許割過（或沒割過）包皮，於是對這事的立場比較堅決。孩子最終對妳的決定會有什麼感受，其實很難說，但是作為父母，妳可以盡力幫助他長大，不論他的身體樣貌如何，都全然接受。妳可以跟好友、兒科醫生，和牧師或神父談談其中風險和好處，並了解其他父母如何面對這個問題。

掌握資訊

不論是出於宗教原因或其他因素，妳決定採用包皮環切術，妳可能會擔心寶寶因為這種小手術而受到傷害。這跟對孩子進行的其他醫療干預一樣，妳應該了解主持包皮環切術的醫師是誰，要求他們盡量花時間解釋這個程序，回答妳可能遇到的所有問題。詢問他們手術結果的統計資訊，可能幫助妳放下心頭大石；這其實是個簡單明快的手術，所以多數兒科醫生和醫療從業人員都有令人放心的資訊。

另一個常見的問題是：寶寶會感到疼痛嗎？即便妳知道這是次要問題，但畢竟是選擇這個手術而導致寶寶不適，妳會感到內疚也是自然的事。許多父母認為：「他還這麼小，我為什麼要他經歷這種疼痛？」或是「聽到寶寶哭，我就受不了了。我無法忍受他是因為疼痛哭泣。」做出決定時，這些正常反應也該考慮進去，但如果理智上，妳知道自己希望寶寶割包皮，請記住，情緒上的回應可能會影響妳的最終決定。

包皮環切術可能是妳對寶寶進行的首次醫療干預。如果妳唯一的猶豫是擔心寶寶會痛，請想想，妳遲早會做些什麼（像是剪指甲或接種疫苗）讓寶寶感到疼痛或不開心，但最終是為了寶寶好。那麼聽到寶寶哭泣可能就沒那麼難受，也或者妳仍然感到痛苦——無論如何，妳都得學著度過。

產前教育課程

誰幫妳接生？這是妳必須做出的首要選擇之一。如果妳相信對方的整體價值觀、溝通技巧和判斷力，那麼生產當下妳很可能會同意對方的決定。或許妳會比較傾向風格乾脆、避免風險的婦科醫生，但妳最好的朋友卻更喜歡避免醫療干預、情感豐富、注重精神感受的助產士？妳選擇的生產地點（醫院、生產中心或在家）也很重要，因為生產的環節取決於這幾個生產環境的設備配置。在許多醫院裡，妳無法進行水中生產，如果在家生產，則不太可能進行無痛生產。

如果妳不想在家生產，可能要參觀幾間生產中心或醫院做為參考。當做是個產前訓練，讓自己提前熟悉實際的細節：應該選擇哪個入口，伴侶在哪裡停車，以及在哪裡提供保險資訊。事先知道這些小細節，幫助妳更能掌控局面，那麼就算妳在凌晨三點半破水，而候診大廳沒人，妳也不會感到壓力爆表。即使妳必須引產或打算剖腹，那麼在這緊繃的一天中，能少擔心一件事，少一個未知變數，也會輕鬆不少。

有些女性跟伴侶，會在第三孕期報名參加產前教育課程。如果妳沒有伴侶，可以找陪妳度過待產與分娩的人選同行，也可以自己參加。妳可能會發現這種課程有趣又實用，還可以與伴侶、其他人分享人生同一篇章的經驗。這也是個機會，讓妳思考眼前的決定。從另一個角度看，想到要與陌生人共處一室，討論這種私密經歷，可能會讓妳退縮。如果妳容易緊張，但伴侶落落大方，想想即便妳沒有參與，學員仍然可以從課堂上受益匪淺。或者，妳可以透過書籍、紀錄片和線上課程獲得相同的信息（請參閱參考資源）。

如果妳崇尚「多一事不如少一事」，那麼課程帶來過多訊息，或許使妳感到焦慮——這就完全不符合妳的需要。雖然妳可能會覺得不「準備」好就去生，很不負責任，但我們想提醒妳，女性生產已經歷數百萬年，也沒有上過任何課程。我們鼓勵妳不要把生產當成必須準備的考試，而是放手讓身體與醫療人員帶妳經歷這個過程。

擬定生產計畫

無論是實體還是線上課程，產前教育班授課內容最有用的就是生產計畫。列出生產計畫跟產前教育一樣，都不是強制性的，但能幫助妳在這混亂的經歷中取得更多的掌控，而且在生產的當下，做決定時可以少傷點腦筋。

其實，把這個清單當做妳的生產偏好也無不可，這給妳更多思考空間，處理不同狀況下必須做的決策。妳無法控制未知，但可以事先想清楚自己的選項；訂出生產計畫的第一步不是決定自己想要什麼，而是教育自己與伴侶一起思考這些選擇。妳可能需要先諮詢醫師或接生人員，了解生產場所提供的服務與設備。

擬定生產計畫，最好保持肯定而且有彈性——這幫助妳為自己爭取的同時，也為生育的未知與不可控制的變數預留空間。如果妳採用全有或全無的態度面對生產，那麼難免會失望，因為嚴格的規定可能在必要時需要被調整或打破。

下面幾個例子說明了，如何從「非黑即白」轉念，以更平衡的觀點，看待妳期望的生產方式：

- 非黑即白：「自然生產最好。」
  靈活變通：「我想要沒有醫療介入的生產方式：我會先上呼吸課，陪產士會幫我，然後我會告訴醫生不需要無痛生產。但如果我改變主意，也沒關係，反正我也可能會需要。」
- 非黑既白：「醫療系統崩壞所以剖腹產浮濫。」
  靈活變通：「我不想因為任何人的擇日考量或醫院住院方案才選擇剖腹產。但是如果我或寶寶的健康需要，我也會接受剖腹，沒什麼好自責的。」
- 非黑既白：「身體是我的，寶寶是我的，誰會比我更知道我的需求。」
  靈活變通：「身體是我的，寶寶是我的，誰會比我更清楚我想要的是什麼。但我找醫療保健跟生產專業人士的原因，有部分是聽取他們的建議，了解我和寶寶可能會有的需要。他們知道我的想法，相信他們會盡力而為。」

試著別把生產計畫當成生產過程的設定藍圖，看做是優先事項或原則列表就好。正如某位患者的建議：「好好寫一份計畫，即便到醫院的第一件事就是把它丟開。這計畫可以安定心情，準備好迎接瘋狂的生產旅程，另外還可以幫助妳集中心念，無論妳最終生產過程如何，這都是值得做的事。」生產計畫也是與醫生進行討論時有用框架。但是，完成一切並弄清自己想要的之後，妳最終不得不接受生產計畫就像預產期一樣，毫無準頭，而對任一個計畫過度執著，都會帶來失望。

妳還可以在生產計畫中放入「B計畫」甚至「C計畫」。例如，如果妳打算使用呼吸法取代止痛藥來緩解宮縮，那太好了。但是，如果呼吸法還不夠，可以將按摩和熱（冷）敷放進B計畫，而將藥物留作C計畫的選項。妳還可以指定希望使用的止痛藥；請與醫生討論這些選項。

最重要的事

如果妳是個多一事不如少一事想法的人，妳可能想整個把生產計畫丟到一邊，只和醫生大致討論，或根本就時間到直接出現。另一種選擇是決定一些大方向，但不去擔心細節，有位患者就說：「我只告訴醫生不要為了加快速度，而幫我剖腹或給我加速產程的收縮藥物，除非有醫療上的必要性。我的生產計畫就是要生出健康的寶寶，這樣而已。」

妳希望自己的生產計畫有多麼詳盡，就該盡可能多與醫生討論，因為他們更清楚妳會有的選擇，也會依據專業知識給妳建議。決定生產方式後，妳可以自己思考，或與伴侶跟好友坐下討論，妳想要的到底是什麼。請記住，沒有哪個生產計畫是一成不變的，但想想生產過程哪個對妳會是最重要的：妳最想減輕疼痛，還是要身體不受藥物介入的完整生產經驗？妳是想讓伴侶或陪產士幫妳決定以減輕壓力，還是要一手包辦所有決策？

妳還應該問醫生，如果生產不按計畫進行，會發生什麼情況。沒有哪個生產計畫是固定不變的，有時需要做出即時的判斷。因此，生產計畫的要素之一，是弄清楚這些決定該如何發生。有位病人告訴我們：「我生產了三十個小時，幾乎沒有進展，而無痛生產也不完全有用。我只是希望一切趕快結束，我不知道那一刻最適合的決定是什麼，當醫生問我時，我不知道是否要進行剖腹產。我很感謝他們給我決定權，但是我真希望有人告訴我：『妳必須剖腹。』我只是想問他——要是你，你會怎麼做？如果這是你妹妹，你會怎麼辦？」

妳想要妳的醫師、伴侶、或陪產士幫妳做決定？還是想自己做決定？或許有給建議給的比較自在，有些則不。妳可以提前詢問他們，一些不是攸關生死的狀況，他們會做什麼，也可以要求他們給妳多一點或少一點指導。另一位病人告訴我們：「當我的助產士說：『我認為妳需要會陰切開術。』我相信她的判斷。我知道若非必要，她不會這樣建議。」

生產計畫的兩大目標是要幫妳擁有妳想要的生產經驗，和在妳生產當日把做決定的壓力從妳身上卸下。寫下妳的目標，並與醫生或助產士討論，可以確認他們會盡力幫助妳，按照妳的偏好進行生產。如果妳的醫師無法做出某些承諾，請他清楚說明理由，如果這對妳不適用，請考慮尋找其他更適合幫妳接生的專業人員。

誰來陪產？

關於生產，有個必須由妳做的決定是──誰來陪產？我們建議，這個妳最脆弱的時候，要挑選最信任的、也讓妳感到最自在的人，這樣妳就可以專注在經歷這過程，而不會因為他們的需求而分心。

對多數女性來說，陪產的是配偶或伴侶。但是，如果妳們從未經歷過這種事，妳怎能事先知道伴侶在產房裡有什麼狀況？所以我們鼓勵兩人在懷孕期間一起上課或看影片，學習待產與分娩

——除了多吸收資訊，這個過程還可以提供線索，讓妳知道伴侶在這個重要時刻會如何反應。妳可能會感到驚喜；即使通常他看到血就怕，但妳會發現伴侶在需要時會變得堅強。

正如有位患者告訴我們：「我以為先生很難在情感上支持我。他不擅長照顧人，也很怕髒，所以我想他會一直擠眉弄眼。但他的應對態度比我預期好太多，真讓人吃驚。他真的很配合，不會滿腦子只有自己——我從沒見過他這麼支持我，但我想是因為我們真的很害怕，必須相互扶持。」

理想情況下，伴侶還可以幫妳爭取權益，在待產與分娩期間和嬰兒出生後，提醒醫療團隊有關妳的希望和疑慮。他不僅待在妳身邊，在情感上也與妳同在。他可以讓妳知道他有多愛妳，妳做得多麼棒。他可以拋開（或似乎拋開）自己的恐懼，專心照顧妳。而且他可以理解，在劇烈陣痛期間，不管妳說什麼，都不要放在心上。

有位患者建議，試著盡可能清楚具體的告訴伴侶，妳希望他怎麼幫助妳。「我認為妳和伴侶應該想出十誡，在寶寶出生後，兩人就有共識保護彼此，不受其他人干擾。盡量詳細，堅守界線。例如，不管待產時我說了什麼，就算再惡劣，都可以得到原諒。」

妳的待產教練

想想該怎麼幫助伴侶成為妳的待產教練。伴侶是否幾個小時沒吃就會發脾氣？那麼在妳的包包裡準備零食以備不時之需。伴侶如果沒有好好睡整夜，是否毫無精神體力？帶個枕頭和眼罩讓他小睡一會，因為待產過程可能長到二十四小時。儘管生小孩的是妳，而妳還得預先準備伴侶的需求，這可能讓妳心有不甘，但請記住這一點，跟妳相比，伴侶的位置顯得沒那麼關鍵，但這不代表他不需要關照。

計畫進產房時，妳和伴侶總是有可能對過程進行出現歧異。當然，要經歷產程的是妳的身體——最終，幾乎每件事都要聽妳的。但現在正如懷孕期間，兩人要思考通力合作，妳們是一體的。有位患者告訴我們：「我想在家生產，我覺得醫院是屬於病患的地方，但在家生產的想法讓我先生很緊張。我們找到一間附屬於醫院但另外開設的生產中心，而且我找到了助產士，她可以幫助我順利生產。這對我們都是妥協。」

讓伴侶參與決策，讓妳在這過程中比較不孤單。這也是請伴侶參與共同育兒的一種方式。待產與分娩是關係中十分嚴峻的時刻之一，因為兩人中有一人或許覺得自己沒那麼重要。有很多生物設定會讓伴侶間出現這種感覺，所以我們建議妳讓伴侶參與這很基本的個人經驗，這為日後教養建立架構，幫助你們平起平坐，成為團隊。強調伴侶的存在價值很重要，等於是表示「少了妳我絕對辦不到，寶寶和整個過程也是妳的事。」

當然，就算是合作無間的團隊也會碰到阻礙。在待產與分娩過產中，伴侶可能必須看到妳身體最私密的部位，但完全無法勾起性欲，這會給你們帶來複雜的感受和擔憂。妳可能會擔心，即便他顯然很敬佩妳的努力，但可能永遠對妳失去胃口或親近的欲望。這些恐懼可以預料，也很普遍，但是在當下忙亂的時刻，這通常不是妳們會關注的重點。

妳是否擔心伴侶看完嬰兒頭部從陰道口露出來之後，就再也無法用同樣的眼光看妳了？有位患者告訴我們，跟另一半一起看生產影片時，看到對方臉上的表情，所以她很擔心。她在第三孕期與伴侶坐下來談：「寶貝，我知道你想支持我，但我不想在努力專心生寶寶時看到你一臉受不了的樣子。如果我擔心自己看起來再也不吸引人了，那一切毫無意義。你不是非得接住寶寶或剪臍帶才會成為我心中的英雄。坐在床邊握著我的手，保持開朗樂觀，這就很足夠了。我知道這點你很會。」

另一位患者建議，如果妳擔心伴侶旁觀生產過程後，對妳永久生不出欲望，那可以跟伴侶談談。她告訴我們，「我以為他會說：『好吧，那我就不看。』但他的回答確實讓我感到驚訝。他說：『這跟我們的性生活無關。就算我看到妳得流感或宿醉，也不會改變妳看起來或表現性感的模樣。這只是各種狀況中的其中之一，我分得出來。』」請記住，數百萬對夫婦經歷了生產過程，日後依舊保有性關係。

設定備案

即使你們事先討論了這許多問題，依舊會因為對方在當下的臨場反應而吃驚。可以先設定原則，清楚雙方的價值判斷，但試著對意外狀況保持開放態度。正如妳為生產計畫設定備案，妳應該幫妳的待產教練提供備案。不論妳計劃得如何縝密，都無法保證配偶或伴侶、家人或朋友在當下能陪妳一起生產。如果妳的伴侶出差，或人在另一個時區，那麼妳應該找其他人幫忙，即便是暫時也好，直到伴侶趕到妳身邊。

有些女性會事先找伴侶以外的人，做為協助她們待產與分娩的第一人選。如果妳或伴侶非常擔心無法提供所需的身體或情感支持，現在是該進行這個討論，找到其他人來陪妳。不要等到最後一分鐘才與伴侶討論這個計畫。

重要的是，既然這不是個容易做的決定，盡可能清楚而具體地告訴伴侶，為什麼妳認為他最好排在第二順位：以前妳生病時他表現驚慌失措；他與醫生溝通的方式讓妳感到壓力；妳擔心他會嚇到昏過去。也或許妳只是希望減輕他的壓力，這樣他也可以參與生產但不必承擔太多。妳並沒有排除伴侶，而且還可以考慮請他加入妳媽媽、妹妹、朋友或陪產士的團隊。

正如有位患者所解釋的：「我真的很想請一位陪產士——他清楚該做些什麼。但丈夫覺得我小看他的能力，我跟他說，陪產士可以待在旁邊支持我們，並不是取代他。結果生產時，陪產士教他該怎麼幫我——他們合作無間，先生發現陪產士幫到他也幫了我。經過幾個小時的待產過程，先生更喜歡陪產士了，因為她保證接下來幾小時內不會發生任何事，逼著我先生出去吃點東西，讓他在真正需要的時候更有精力。」

如果伴侶因為不用幫太多忙，或是可以退居其次，於是鬆了一口氣，妳可能會感到受傷或被遺棄。請記住，就算他在這狀況下不符合妳對「完美」的定義，並不代表他沒有其他做得好的地方或不愛妳。妳可以承認這個局限，努力化為可接受的缺點，類似於——他做飯是難吃的，或參加妳的辦公室聚會表現笨拙。重點是要記住，生產那天未必是關係的縮影，自然也無法預測伴侶在未來是否能在情感上支持妳。

如果妳身邊沒有伴，我們非常建議妳請一個或幾個人在妳待產時幫忙。選擇家人，像是父母或兄弟姊妹的好處是，妳可能覺得在他們面前比較容易流露自己孩子氣的一面以及需求（因為他們看著妳長大）。但如果有個朋友在懷孕期間（以及生活中）讓妳覺得可以依靠，那麼她可能也感覺像是家人或伴侶，那麼也非常適合。

通常，如果妳想請伴侶以外的人陪妳待產，別忘了討論待命的流程細節。如果她也是單身母親，半夜要來找妳的話，誰來照顧她的孩子？如果有需要，妳姊姊可以馬上放下工作趕來嗎？提前思考這些問題，妳也得想想該如何解決。

列出探視名單

除了陪妳待產的這一兩位成員，妳還得思考，產程中誰可以進來，產後妳想讓誰來探視，這是個兼顧想要與期望的雷區，我們鼓勵妳訂定規則時可體貼、可斟酌，甚至可以自私一點。

有些醫院和生產中心會限制待產室與產房裡的人數。如果妳的母親或婆婆想參與，而妳又不願意讓她們在場，那就有個現成的藉口；但如果妳需要她們的支持，那也可能失望。如果妳非常不喜歡這些規定，隨時可以請教醫生，了解政策存在的原因，並詢問如何調整貼合妳的需求。

除非妳百分百確定要讓他們在場，否則請別邀請任何人參與妳的待產與分娩。要是他們妨礙生產過程，妳到時可沒有精力也沒有精神要求他們離開。就算有人感到被排擠，也不應該侵犯妳的隱私，這包括妳的母親和伴侶的母親，或者妳認定是給人壓力、愛好批評、自私或要求苛刻的人。

如果妳在家中生產，或沒有限制訪客的地方，那麼妳和伴侶得自己設規範。如果妳不想要大姑帶小孩來，請直接告知。講清楚不讓他們來，哭鬧也沒用。預先設下規定，小孩可以帶去公園、博物館或看電影，或考慮找人幫妳顧這些小孩。

有些人對於跟家人畫出界線十分在行，也知道這些堅持與對立通常是值得的。如果妳過去試圖跟父母或親戚拉開距離，但不太成功（例如，婚禮時妳希望換裝時有點隱私，但母親和婆婆還是置之不理闖進來），此時就非常困難了。思考這個問題有個角度是，無論如何雙方關係都會緊張：如果妳清楚說明自己的期望，家人可能覺得不是滋味；但如果妳屈就讓自己不舒服的安排，那麼妳可能會顯得冷淡怨怒但又突然爆發，或是一直生悶氣。

正如某位患者所解釋的，妳無法預知誰會不高興，但如果妳能鼓起勇氣，提出需求，家人可能會帶給妳驚喜：「我媽媽想進產房，但我不得不告訴她，我們希望就我和先生在裡頭。我感到不好受——我是她的獨生女——但幸好我說了出來。她的處理方式比我預期的好得多，她第二天才來醫院探視，然後跟我們出院，在家裡一起待了幾天，我覺得這對所有人來說都很棒而且很特別。」

如果某些家庭成員可能會無禮要求，例如堅持進產房，妳可以利用以下方式重新取得掌控：

- 妳可以不告訴他們產程已經開始了，小孩生出來後再通知他們；
- 妳可以告訴醫院或生產中心，嚴格執行門禁，只允許某些人進入；
- 伴侶（或其他人）可以被指定為「生產保鏢」，擋下闖進的不速之客。

有位患者告訴我們，直到兒子出生後，她才邀請伴侶以外的人來醫院。她覺得，候診室裡有人盯著時鐘實在太緊繃了。嬰兒出生後，伴侶打電話給她的父母和公婆，他們才開車來醫院探視。

有些家人自然認知到，產房是以妳為主的私人空間，但是寶寶出生後，就不講究時間方式的隨意來探訪。重要的是，妳必須繼續設定界線並明確說明期望——在寶寶出生前後持續溝通。生產帶來的身體與情感衝擊，並不會在寶寶出世後消失。

有位患者為此感到掙扎，因為她很同情先生難以設定與母親的界線：「他小時候父親就過世了，寡居的婆婆辛苦工作把他養大。她為他犧牲了很多，先生成年後搬離家，婆婆很難適應。他對母親的關心與體貼讓我感動，所以婆婆問到她是否可以飛來陪我們生產，先生馬上答應了，他以為我會一如既往地熱情招待。但是他沒有想清楚，婆婆希望像往常一樣住在我們家，但我在預產期之後幾天才生產，所以我待產時她睡在我們的沙發。我希望他決定前先跟我討論一下。」

設立新界線

有時，對家人，尤其是對姻親說不，並不容易。與其在此時持續妳們與姻親多年來的爭執模式，我們建議妳把此時視為新的起點，也是設定新界線的最佳時機。

妳可能需要指定一個人幫妳來發公告，宣布妳和寶寶母嬰均安；那麼碰到精明的朋友問妳為何整天沒上線，妳就不必思索該回應還是要迴避。這人可以是妳的伴侶，某位家庭成員，或值得信賴的朋友。妳該花點時間想想，要公布到什麼程度、如何發送消息、要不要附照片？用社交媒體貼文，還是公布在群組裡？此外，如果邀請朋友來醫院探望，妳是否要強調「僅限受邀」？（那麼受邀的人就不會將訊息散布給其他親朋好友，最後來了一個龐大的探訪團。）妳是否想說「母子均安」，儘管妳出現生產併發症？或者妳希望等到妳跟寶寶的狀況，更清楚穩定再公開？

想想有誰可以放進這張表，他們是否都會尊重妳對探視的要求？即便妳事先草擬了電郵寄發的名單，可能也得等到寶寶出生後，再撰寫有關探視細節或注重隱私的內容。在發布之前，請確認伴侶知道妳是否需要再檢查一遍。妳無法預料產後會有什麼感受，妳可能需要也希望有時間復原，不必應付公司、甚至不用與直系親屬交際。

寶寶出生後可以立刻受邀來看妳的人，應該是在任何情況下妳都能自在相處的。如果妳不想產後在尿布堆裡或露出半個乳房見人，或者他們質疑妳要不要餵母奶的決定，或是讓妳感到被批評或壓力，那麼這些人不應該放在名單上。

除了列清楚訪客跟探視時間，妳可能還得考慮某些行為準則。如果妳不希望訪客抱孩子，餵母奶時不要進房裡，不要拍照也別在社交網站上發文，這都可以跟訪客說清楚。有位患者因為事先告訴伴侶她不想照相，而覺得鬆了一口氣。「我告訴他可以給寶寶照相，只要我的手臂入鏡就好。我不想擔心自己看起來不像那些容光煥發的媽媽——我當然不會帶化妝品或吹風機去醫院，就為了拍那些愚蠢的照片。我想專心在自己和寶寶身上，而不是美美的給別人看。」如果妳可以花點時間重新想像自己的生產過程，或許就能更適當的設定界線，等到生產那天，妳會感到更自在。

第一次看到寶寶

第一次看到跟抱到寶寶，是大多數人想像中，人生最為喜樂的時刻。想像中，那隨之而來的身心合一感受，可能是很多人想當爸媽的源頭，更具體來說，這讓人更願意面對生產的恐懼。

有些女性的確說，那個當下即刻感受到排山倒海的震撼、愛，以及與新生兒的連結。我們曾聽說，這種親密連結感覺很熟悉，就像他們等了一輩子就為了和這個小東西見面，而彼此搭配恰到好處，第一次抱著寶寶，整個人就沐浴在「一種從未經驗過的愛」。催產素在產後和剛開始哺乳時會迅速上升，因此這種感覺可能有生物學基礎。有些女性在產後會經歷腦內啡升高，使她們充滿額外的能量，於是產後數小時才感到疲倦。但是，即便每個女性的身體都會產生催產素和腦內啡，但並不是每個女人的大腦、神經系統和心理都會將這些荷爾蒙訊號轉化為同樣詩意的經驗。

多數情況下，一見鍾情是迷思——不論是第一次約會，還是誕下新生兒。這並不代表妳不會生出其他強烈感受，但是如果妳沒有喜出望外，也沒有開心得喘不過氣，那也不用以為自己出了什麼問題。我們討論過：體內的寶寶，是妳第一次見到他，他跟妳在腦海中的寶寶可能不同，這個新生兒可能跟妳想像的「感覺」不一樣。

多一點時間理解

第一次看到寶寶時，妳可能已經筋疲力竭，累到睜不開眼，或者妳只感到生產的疼痛，特別是如果生產過程困難，妳可能只感到鬆了一口氣，因為妳沒事，寶寶也平安，而且產程總算結束了。也或者，妳的注意力依舊放在身體的持續變化：娩出胎盤、止血或縫合剖腹傷口或會陰切開術。正如某位患者所描述的：「第一次抱著寶寶時其實很失望。我剖腹產，寶寶出來時我什麼感覺也沒有，任何情緒上的激動都沒有，唯一能想到的就是『他還好嗎？』和『簾幕後頭為什麼都是血？』在那間寒冷的手術室裡我感受不到任何喜悅，我迫不及待想離開那裡。」

許多沒有馬上對寶寶生出母愛的媽媽，可能只是需要多點時間理解，現實世界才剛發生巨大轉變。待產通常是個緩慢的漸進過程，但是實際生產（將嬰兒從陰道推出或剖腹產）的感覺就像閃電般迅速。在那一瞬間，房間裡的能量發生了變化。突然間，咻——妳和房裡的每個人，無論他們見過多少生產過程，都必須處理這個深刻的存在——從一團星塵般的DNA開始，現在成了在地球上哭啼吸吮的小人。正如有位患者所描述的：「我第一次見到他時，有個奇怪的想法：那個寶寶是誰的？我花了很長時間才意識到，是我的。我不再是孕婦了，突然間我成了母親。」

如果妳第一次看到寶寶時心不在焉，也不用感到沮喪、羞愧，或擔心自己無法愛寶寶。沒錯，這是妳一生中最重要的時刻。但是，妳有一輩子跟寶寶相處，不需要在這一秒鐘放進所有情緒。

解題練習

放心不下寶寶在嬰兒室睡覺

很多新手媽媽擔心，如果讓寶寶睡在醫院的嬰兒室，會妨礙關鍵的早期連結和長期依附關係的建立，也會干擾餵母奶。但妳可以問問生了第二個或第三個孩子的媽媽，她會跟妳保證，在寶寶出生的前幾個小時或幾天內，妳的養育方式（就跟其他時候的教養方式一樣），不必過於犧牲。

不要想著「好媽媽」應該、或會做哪些事，而是妳此刻想要和需要做什麼。正如有位患者分享的，「這是妳唯一一次有免費的嬰兒護理師，要是不好好利用妳就是傻了。反正要餵母奶的話，妳每隔三小時就得起身，不如請護理師帶寶寶來，再叫醒妳。如果寶寶在身邊，他會發出聲音，妳會擔心他，甚至根本睡不著。」新生兒大部分時間都在睡覺，因為他們的大腦和身體花了巨大的能量才能應付此階段成長的快速激增，寶寶也正在從出生過程中復原——他可能沒有精力發現妳的缺席並感到恐懼。

如果護理師詢問，妳是否要把寶寶送進嬰兒室，讓妳好好睡一下，修復生產與生產的體力，我們建議妳要考慮這個選項。如果妳感到內疚或放心不下，請思考以下幾點：

- 妳需要睡眠才能從生產中復原。

- 妳現在應該休息，因為回家之後就不太可能了。
- 醫院護理師是專業護理人員。
- 妳隨時可以改變主意，幾個小時後也可以要求嬰兒室送寶寶回來（或是送回去）。

很多產婦不希望寶寶離開視線範圍，因為產後初期心中難免有各種大難臨頭的「萬一」，例如：萬一寶寶被綁架、被掉包、給另一個家庭帶走，該怎麼辦？即便妳知道這幾乎不可能發生，這種擔憂全然不合理，妳的恐懼其實是可理解的進化反應。我們嚴密保護孩子的安全，看不到寶寶時，心中警戒可能會突然響起，就怕有萬一。如果妳發現自己擔心過多而感到恐慌，請試試深呼吸，檢視自己的疲勞程度和身體疼痛，這些因素都會引發恐慌。恢復平靜之後，跟伴侶談談把嬰兒送到嬰兒室，讓妳好好休息，這會有幫助。如果對分離感到恐懼，所以妳才想把寶寶帶在身邊，請告訴自己這種恐懼並不合理，妳絕對可以安心休息。

當然，寶寶待在房裡陪妳並無不妥，那麼請跟從這個直覺，好好享受。這種渴望有時與恐懼無關。妳之前從來都跟寶寶形影不離，因此在身體上保持聯繫，可能會比較習慣。而且，醫院有可能無法讓寶寶留在嬰兒室過夜。

消化生產經歷

妳可能已經聽過這樣的民間傳說：女人生完就忘了痛，這有點類似進化機制，避免女性害怕再多生幾個。有些女性同意，生產帶給心理的經驗如此激烈，生理上筋疲力盡，但由於藥物使用和荷爾蒙介入而複雜化，可能改變心智，而難以記住細節。但生產記憶逐漸淡化是出於進化設定，這在醫學上是個迷思。實際上，記憶模糊與記憶鮮明同樣普遍。有些女性發現她們對生產的記憶具有「光暈效應」，這意味著看到寶寶的正面情緒蓋過了對痛苦和恐懼的回憶。但也有人說，他們記得每一個痛苦的細節，而且腦中一再上演最可怕的段落，長達數週。

很多女性告訴我們，產後發生太多事，沒有時間回想剛剛的經過；該做的實在不少：妳必須恢復身體活力；學著照顧新生兒；從荷爾蒙變化、藥物治療、疲憊和疼痛的影響中復原；並處理家庭和出院準備等等其他問題。有位患者這樣描述：「即使離開醫院，也要花很多時間，甚至好幾週恢復。在沒照顧寶寶的時候，我盯著窗外發呆，然後忽然想到：我剛生完小孩。這真是瘋狂！到底發生什麼？起碼要一個月後，我才有辦法思考跟說起這件事。」

妳才經歷了這樣奇妙的事件，卻沒時間或空間、也累到沒精神仔細消化，或許妳會感到不對勁，但請相信這經驗會一直都在，等著妳隨時準備好後就能處理。不必為了妳必須釐清一切經過，而感到負擔。每個人對激烈體驗的處理方式都不一樣。當妳準備就緒時，妳所記得的生產經驗，就是妳當時需要消化的。

經驗不如預期

如果妳的待產與分娩過程不符合妳理想的景象，妳可能會想怪罪醫療團隊、怪伴侶、也怪自己。很多人受到社交媒體訊息影響，以為某些生產方式比其他「更好」或更「自然」。我們完全支持女性把生產看作是力量無窮，宛如女神般的禮讚經驗，但我們認為重要的是要打破這種評斷——以為用某種方式生產，才證明妳是更優異的女性或母親。

有位患者分享了這個故事：「我真的非常關注身體，配合身體的自然變化。我有個最好朋友是陪產士，我們合作了幾個月，為我的心理、身體和精神做好在家生產的準備。但是她也預備了我不得不去醫院的可能性，如果發生這種情況，那是出於正確安全的原因。我後來在家待產了二十六個小時——我們用到水中生產、按摩、呼吸、伸展運動、芳香療法和草藥。寶寶就是不肯下降，我逐漸脫力，真的沒有半點力氣可以擠出來。她和助產士認為，該將我送去醫院了，我感到很羞愧，好像我辜負了他們、辜負寶寶，也辜負自己。最終我可以利用藥物的幫助，進行陰道分娩，並且每次我對自己的生產過程感到生氣或被騙，都能打電話給他們訴苦真是太好了。他們幫我聚焦在這一點：有時候，即使我們一切做的『正確』，生產畢竟超出人的控制範圍。每當我感到失望，都對自己重複一遍這些話。然後，有一天，我真的相信這些話了。」

如果孩子出生的方式跟妳的計畫有出入（無論是醫療併發症或是沒能按照生產計畫），那並不是否定妳的能力或擔當母職的資格。這只是漫長童年，甚至長長的一生中，非常短的片刻；依附感、親密感、教養狀況，以及孩子的生活故事，點點滴滴的片刻組成了人生。此刻僅僅是開始。

解題練習

從生產的失落中恢復

如果妳很難擺脫待產與分娩帶來的不適，那麼以下建議可能有幫助：

- 認知到妳的沮喪

妳可以、也應該原諒自己和周圍的人，儘管生產過程偏離了原先計畫，妳依舊難以平復情緒，因為想要的和得到的之間畢竟有差距，忽視那些情緒並不能消除它們。這可能是中止悲傷過程中的第一步，幫助妳繼續前進。妳可能還意識到，其實妳的沮喪源頭來自更深的層次（例如，也許妳的怨氣不是來自剖腹產，而是姊姊居然決定不要半夜搭飛機來陪妳）。

- 談論妳的感受

告訴妳可以信任的任何人，包括伴侶、朋友或家人，找能聆聽妳而不做批判的人，給妳支持。也可以跟其他新手媽媽聊聊；妳可能會發現，原來自己的經歷並沒有想像中那麼特別。但要花點時間：在醫院時要處理的事情太多，妳可能需要幾天或幾週，才能慢慢消化發生經過。

- 不要怪自己

沒有按計畫進行並不是妳的錯。如果妳的生產沒有按照計畫，可能是因為醫療上必須如此——讓醫生解釋清楚，幫助妳了解，改變計畫最終是為了妳和寶寶的健康。而且，如果妳在待產進入最後階段時選了別的方式（使用止痛藥或其他醫療干預），一樣別怪自己。同理共情當時感到痛苦與恐懼的妳自己。如果發生早產之類的醫療併發症，請不要覺得自己的生產過程「差勁」，也別以為妳做錯了什麼，才導致這樣的結果。

- 尋求幫助

如果幾週後，妳仍然無法對寶寶生出正面感受，心頭依舊壓著沉甸甸的消極想法，那麼就該跟妳的健康照護人員談談，妳是否患上焦慮症或產後憂鬱症（PPD）。這也可能表明生產勾起妳過去的創傷，或者過程本身就是創傷經歷。

產後心理創傷

如果妳覺得生產過程造成創傷──那麼的確如此，妳說了算。有些女性即便生產過程較為困難或是遭遇各種變數，依舊可以輕鬆將生產經歷融入自己的生命過程。但是，即便生產過程完全健康，也可能造成創傷。常跑醫院就醫、經歷醫療程序的女性，遭受創傷的風險更高。此外，曾經遭受人身暴力（性或身體攻擊）的人，在待產與分娩過程中會可能特別感到脆弱而無所遁形。此外，如果產婦或寶寶有醫療併發症，也更可能遭受情感創傷。

我們將曾經歷生產創傷的患者，大致分為以下兩類：

封存迴避

對某些人而言，復原的第一步是向前看，做些別的事，好將注意力從沮喪的回憶中移轉，安定平緩精神。沒錯，這是「否認」，但就像在臨盆前的恐懼，否認可以是健康的應對機制，將我們與排山倒海的情緒隔離開來，直到我們準備好面對為止。如果妳強迫自己過早談論痛苦的經歷，那麼情緒可能被「啟動」；妳還沒準備好面對，卻得處理強烈不安的感受。如果對妳來說，談論這些事情十分不快，請相信這種直覺。

敞開分享

如果生產經驗給妳很大衝擊，始終未曾消散，或者妳發現自己無法抹去腦海中一再上演的待產與分娩景象，請不要忽略自己的感受。否認壓抑可能適得其反；這些記憶和感受最終依舊會浮現，而且帶來負面效果。若是妳無法抹去這些思緒，正視已發生的經過，反而是正確決定。如果妳的感受如此，請順從直覺。不要害怕與親近可靠的朋友家人，或在線上社群分享妳的故事。日記也有幫助，或是與心理師進行諮商。

無論妳修身養性的工夫再多，有時還是需要外部幫助。努力消化生產經歷的女性，可能會出現急性壓力反應的跡象（如果症狀在產後四週內出現）；如果症狀持續超過四週，則會出現創傷後壓力障礙（PTSD）的跡象。這症狀包括：

- 做噩夢和突然回想到當時情景
- 迴避任何讓妳想起生產的事情
- 極度易怒
- 感到孤立，將自己與他人隔離
- 憂鬱症

- **容易被驚嚇，難以入睡或專心，過度提心吊膽**（保持警惕）

自己（或親人）碰到威脅生命的事件，事後可能會患上創傷後壓力症候群。如果經歷辛苦的生產或可怕的生產經驗，未必會發展為創傷後壓力症候群，但如果過去有創傷、焦慮或憂鬱症的病史，則可能更容易患病。

創傷後壓力症候群需要精神科專業人員進行評估和治療，因此，如果妳患有上述PTSD的任何症狀，請務必告訴醫生，並參考我們的心理健康資源。

有時生產之後，面對的是遺憾的結果。不論這是預料中的事，還是出乎意料，這種傷痛與失去都一樣艱難。此時妳需要的照護超出了本書的範圍，我們唯一的建議是，如果這符合妳的狀況，希望妳使用所有可用的資源和支持來幫助妳療癒。在本書的美國參考資源有更多關於流產、死產和新生兒疾病的支持資訊。

解題練習

在創傷中處理情緒

無論妳屬於哪一類，如果生產經歷讓妳震驚或沮喪，請試試下列幾個方法來處理情緒：

- **請記住，完美是善的敵人**

不要以其他女性的經驗為依據來評斷自己，即便妳以前生過孩子，也不要拿過去來批判現在。

- **掌控敘事**

試著以正面態度重新定義妳身體經歷的過程。有些婦女將生產在身體留下的疤痕稱作「光榮標記」，認為這是力量和韌性的象徵。身體最終會痊癒，即使這時間超出妳的想像，想想這傷口帶來的成果：妳的寶寶。如果妳屬於「言無不盡」型，請說出妳的故事，跟伴侶談或跟其他媽媽聊聊（或線上交流）。寫作也可以幫助妳有更全面的視野，能釐清妳的感受。

- **把產後的身體照顧好**

妳必須療養，而這需要休息與時間。如果感到疼痛，請告訴醫生。通常，身體疼痛或受傷會引發或加重情緒上的痛苦。疼痛不僅僅讓人不快，還會影響到生理層面。例如，研究顯示，人體對皮肉損傷（包括發炎、腫脹和組織修復）的化學反應，可能關係到觸發悲傷甚至抑鬱的神經傳導物質釋放。隨著時間過去，身體復原後，妳的心理創傷可能就會自行好轉，因此，如果妳不確定該如何處理自己的情緒，好好照顧身體就是個有力的第一步。

產後的身體

寶寶出生後的前幾天，妳的身心狀況會因生產方式而異：在醫院生或在家生？剖腹產還是陰道產？妳或寶寶有沒有併發症？就算復原經過、餵母奶（或不餵母奶）這類普遍的身體經驗，對於多數女性來說，都充滿著複雜情緒。

很多女性告訴我們，她們對於產後頭幾天的身體狀況毫無心理準備。許多女性不會討論懷孕和產後的身體樣貌，我們聽過各種不同的原因，從「那太私密」到「我朋友不想聽到血腥的細節」，甚至是「好噁心喔」、「以前從沒聽說過，我應該是少數的怪人。」

女性主義學者可以從歷史、政治、經濟學、宗教和人類學的角度，解釋女性對性和婦科健康諱莫如深的文化和心理因素。身為精神科醫生，我們也有自己的理論，但是我們的專業在女性如何感受這些社會汙名的影響，如何保持身體隱密並訴說真相。

如果社交媒體幫助婦女互相支持並討論懷孕和產後的身體呢？儘管社交媒體對女性的身體形象和自尊心可能有害，但社交媒體也能打破有關女性身體的社會規範。

保持開放態度

有一則臉書貼文寫到懷孕身體的血淋淋事實，我們超愛——這名產婦說，她轉過身，穿著產後醫院提供的「尿布」。（這是種有吸收功能的內褲，功用就像衛生棉，可吸收大量血液和體液，也就是「惡露」，還有尿液，因為有些女性可能暫時膀胱失禁。）丈夫站在身邊，抱著包好尿布的寶寶，大家都笑著。「這就是當媽媽；赤裸裸的、令人驚嘆、混亂瘋狂又搞笑，全都合而為一。生孩子是個美好的經歷，但產後的現實生活卻少有人提。」

這張照片引起全世界成千上萬的女性共鳴，她們也分享自己產後包尿布的故事，並在臉書上標記自己懷孕的朋友，跟她們分享「祕密」。我們認為這則貼文之所以得到瘋傳，是因為這正是女性分享產後陰道癒合的故事並給彼此建議。

有位女士對這張照片的回應是：「沒錯，我們對生產過程的討論還不夠。」另一位女士補充道：「我仍然能感覺到他們在尿布裡放的冰袋，像是另一塊巨型護墊——給了我很大幫助！」另一人在貼文的回應中標記她懷孕的朋友，並寫道：「帶一些醫院尿布回家——它們不好買，而且妳會需要！」

正如所有社交媒體現象，也有人不以為然，有些女性批評：「現在一點隱私都沒了嗎？」當然，正如我們每個人的行事風格不同，並非所有女性都希望對這個話題大鳴大放；此外，如果追蹤那些貼文會增加情緒壓力，自然可以取消追蹤。有時，暫時遠離社交媒體可能讓人平靜多了。不過，我們的希望是，那些確實想知道「可能發生什麼」的女性，在談論懷孕和產後的身體時，不論是當面還是網路上，都能保持開放，少點羞愧感。

疼痛控制

即使是很順利沒有任何撕裂或會陰切開術的陰道生產，多數女性在產後也會感到身體不適。儘管有些人在懷孕和哺乳期間堅決避免用藥，但如果能從中得到一點緩解，我們鼓勵妳不要害怕用藥。正如有位患者建議的：「不要害怕服用醫院提供的止痛藥。醫生不會給妳任何危害嬰兒的東西，請相信我，藥可以幫妳！」

休息、替代療法和全面產後疼痛控制方法，可能可以取代藥物或輔助藥物——陪產士應能提供這些選擇。當然，如果妳擔心特定止痛藥會導致成癮，請詢問醫生。

了解更多

待產與分娩時的荷爾蒙消長

生產過程中，荷爾蒙在生理和心理扮演重要角色。在產程與產後的荷爾蒙起伏，一定會折損妳的情緒、精力、認知和記憶。儘管每個女性的具體生理情況不盡相同，但是待產與分娩期間及之後的荷爾蒙變化可能是一生中最劇烈的。

正如我們在第一章曾提到的，懷孕期間人體的hCG、雌激素、黃體素的水平會升高。這種升高的訊號來自胎盤。在嬰兒出生後胎盤娩出，就像關閉荷爾蒙水龍頭。正如一位患者告訴我們：「接下來的幾天裡，我感覺到雌激素下降了——像是從懸崖上墜落。我感到情緒變得不穩定，有點像這輩子最糟糕的經前症狀。我並不算是生氣，只是非常敏感，就像所有情緒失去了容器，而整個心理狀況完全暴露出來，無所遁逃。如果我媽媽看起來只是有點不開心，就讓我非常煩躁，而先生做的一切貼心的事都讓我想哭，像是在我們的婚禮上一樣。」附錄會說明這種荷爾蒙失調，如何導致大多數女性發生「產後情緒低落」，這種暫時的情緒敏感和波動，可能持續兩個星期。但是知道這波動即將到來（而且很正常），可以幫助妳駕馭最初的亂流。

還有其他孕期荷爾蒙可幫助大腦和身體做好生產和哺乳的準備——請參閱以下列表，這是幾個對心理影響最強的荷爾蒙：

- 催產素：在生產前，催產素會提示子宮收縮，幫助嬰兒通過產道（也因此，催產素的合成形式「Pitocin」被醫生用於臨床刺激產程與催生）。產後，催產素有助於排出胎盤，幫助血管閉合與癒合。催產素還發出「排乳反射」的訊號，要乳房準備迎接嬰兒來臨，該開始生產母奶了（吸吮或其他形式的機械刺激乳頭，也可能導致催產素分泌）。催產素通常被稱為「親密連結荷爾蒙」，因為它與愛、親密和保護欲有關。
- 催乳素：大腦也會分泌這種荷爾蒙，未懷孕時，會用來調節月經週期。它跟催產素一樣，會在懷孕期間上升，然後在產程期間和之後衝高。主要作用是促進生產母乳。
- 腦內啡：這些荷爾蒙有時被視為「跑者愉悅感」的成因。在漫長的待產過程裡，大腦可能會釋放它，做為天然止痛劑並提升體力。（這或許解釋了為什麼有些女性經過筋疲力竭的生產過程，仍能保持清醒並照顧嬰兒。）當然，不同女性的體內，釋放方式和濃度也不同。
- 腎上腺素／去甲腎上腺素：通常稱為「壓力荷爾蒙」，是人體的「戰或逃」反應機制因應恐懼而釋放，來自生產的劇烈疼痛。它們的作用是向身體發出訊號，指示身體準備各種機制來迎接產程，並從生產中恢復，這可能使人感受到力量或是憤怒升高。

哺育新生兒

不論妳正在適應餵母奶，還是決定用配方奶，產後餵奶的頭幾天，可能是情緒最高張的時刻。我們建議妳在本書參考資源中找到有關哺乳的實際建議。這裡先談談早期餵母奶的情緒處理。

過去的數十年中開展了餵母奶的倡導運動，將更多的哺乳顧問引進醫院，提倡許多餵母奶的好處。這些措施幫助不少想餵母奶但難以堅持的媽媽；很多患者告訴我們，這些早期的支持讓人感動與感謝。有些人甚至將餵母奶描述為育兒過程中最有力量的正面經驗之一。對某些人來說，這種喜悅是情感上的，但也有些人感受到生理上的幸福，還有深切的滿足。

但這個運動的壞處在於，並非所有婦女都能餵（或想餵）母奶，而且這些女性可能因自身限制或選擇而面臨強烈反對。餵養配方奶已遭到汙名化，很多婦女因沒有餵母奶而感到羞恥。我們有病人說，他們覺得這種問題只能自己面對；無法餵母奶的女性常問我們：「為什麼沒有人告訴我有這麼多人無法餵母奶？」我們鼓勵婦女更公開談論這一切，因為不餵母奶的羞恥感會引發社交孤立和其他壓力，可能觸發產後憂鬱。

取得健康平衡

作為醫生，我們認為必須在餵母奶的所有好處，與不餵母奶的好處之間取得平衡。我們告訴患者「有吃就好」，這表示充分的營養和水分，比起母乳還是配方奶更為重要。雖然美國小兒科學會提倡在嬰兒期的頭六個月純餵母奶，但他們並不反對使用配方奶。讓我們重複一遍：配方奶毫無問題。不餵母奶不等於以任何方式傷害或忽視嬰兒。配方奶只是另一種哺育嬰兒的方式。如果妳的寶寶不擅長吸吮母奶，或是妳奶量不夠，那麼補充或完全改餵配方奶甚至會是寶寶最健康的選擇。

不餵母奶的另一個好處是，這表示除了妳以外還有人可以餵寶寶。（第六章會討論擠乳器，這當然是另一種瓶餵方式，也能多點幫手。）這給妳更多的時間睡覺，對妳的身心健康至關重要。妳的伴侶也會有更多機會與寶寶建立連結，而且，如果妳充分休息，就能跟寶寶建立更好的關係。

此外，不餵母奶的婦女也有更大的空間，可以重新服用符合自己健康需求的藥物。附錄中會詳細討論餵母奶和藥物治療（包括抗憂鬱藥），但提醒妳，妳和寶寶的健康是許多因素的交互作用，包括營養、睡眠、依附和心理健康。餵奶只是整幅畫的一部分。

了解更多

餵奶的祕密

下面段落記錄了有些女性告訴我們，希望餵奶的剛開始幾天就能早點得到的建議：

- 餵母奶會觸動情感與肉體的感受。
「我不確定我是否清楚餵母奶的情緒，我只當做是個實際問題，需要執行與解決。但我真的可以感受到催產素的影響。我喜歡這種感覺，幾乎上癮了。」
- 可能會很痛。
「我不知道剛開始餵母奶會痛，而且痛感會消失。感覺很辛苦又疼痛，但是我得到的最好建議是，至少堅持幾個星期。我做到了，大約三週後情況變好了。」
- 餵母奶可能不會馬上成功，所以即便妳的目標是純母奶，也要準備一些配方奶。
「我在家進行了完美的水中生產，但是第一天寶寶完全不含我的乳頭，陪產士怎麼試都沒用。家裡沒有任何配方奶，因為那絕對不是我的計畫，也沒人告訴我在緊急情況下可能會需要。寶寶餓得大哭，我再讓丈夫出去買配方奶，這顯然是正確做法。」
- 不要將餵母奶等同於成功，而配方奶就是失敗。
「我希望我讓他們餵配方奶與母乳，這樣我們就能安心，寶寶能得到充分的食物。」

- 在餵養方面，每個嬰兒和每個媽媽都是獨一無二的。

「我在餵母奶方面獲得的最佳建議是：盡力做到妳感覺最對的事，而不是妳認為應該做的事。」

- 如果妳不想擠奶也沒關係。

「我的雙胞胎早產，我的剖腹產疤痕還沒癒合，就得不時往返新生兒加護病房。剛開始，我意識到不太需要擠奶。寶寶吃配方奶的發育很好，但我無法告訴妳有多少人問我母奶餵得如何，他們怎麼不問我最近好不好？大家對餵母奶如此執著，我想他們只是想找話題，但我總不得不解釋為什麼決定不餵，這充滿被批判的感覺，令人疲憊。」

- 專家給的建議可能相互矛盾，因此我們建議妳找一位熟悉信任的兒科醫生，直接詢問。

「我不喜歡醫院的哺乳顧問，他很專橫，而且她的建議跟兒科醫生說的相互矛盾。但是我又很不想餵配方奶，所以無論她說什麼我都照做。」

- 不論妳多努力，還是有些事無法控制。

「對我來說，這是寶寶無法含住乳頭的問題。我試了所有技巧，但他用奶瓶就吃得很順利。我試過擠奶器，但母奶的量不夠。我很傷心無法哺乳，但是改用配方奶時，也讓我感到鬆一口氣——不用勉強做些無效的事了。」

新生兒醫療監測

早產且需要監測或醫療干預的嬰兒，可能會被送進醫院的新生兒加護病房（ＮＩＣＵ）。有時只需要待一兩個晚上，妳就能帶著寶寶出院回家。有時，住院時間會更長，妳出院後可能要定時回醫院探視。

這麼小的寶寶就需要醫療護理，可能讓人感到揪心恐懼，但新生兒加護病房絕對是寶寶最安全的住所。妳可以把ＮＩＣＵ視為醫院必須提供的最佳五星級治療。選擇在新生兒加護病房執勤的醫生和護理師都經過更多培訓，他們樂於幫助弱勢新生兒，也非常擅長在保溫箱中安撫嬰兒，清楚如何處理最具挑戰性的醫療問題。

如果妳的寶寶在新生兒加護病房得待上一兩天以上，妳可能會擔心無法與寶寶建立關係，不能好好抱他或帶他回家，這種分離帶來焦慮甚至驚慌，是很常見的反應。

寶寶待在新生兒加護病房的保溫箱，就算連接著監測儀器與導管，妳依舊有辦法跟寶寶建立連結。即便是非常早產的嬰兒，也可以享受「袋鼠式護理」的好處：寶寶會從保溫箱抱出，放在父母的胸口，取得皮膚接觸。如果寶寶病情穩定，多數醫院都會鼓勵這個方式，因為它可減輕父母的焦慮，並為寶寶帶來好處。

撫觸寶寶建立連結

如果醫師對寶寶的診治是不允許他離開保溫箱，他仍然能從療癒性撫觸受益。妳不需要抱著寶寶，他就可以感覺到妳的存在，開始建立親密感與依附感。用手掌包覆著寶寶的頭部，可以安撫他。加護病房的護理師會示範怎麼做，還可以引導妳解讀寶寶享受撫觸的線索。妳可以為自己給予寶寶的照顧，以及開始建立親密連結而感到自豪。

每個新生兒加護病房對於父母或其他人探視的時間和次數各有規定。如果妳想花更多時間陪伴寶寶，或者更積極參與嬰兒照護（而且在醫學上可行），請為自己和伴侶爭取。但也要記得照顧好自己。有些媽媽不讓自己離開新生兒加護病房，因為她們相信自己可以保護孩子。對她們而言，重要的是須謹記，醫生和護理師會全天候照顧寶寶，而妳需要睡眠才能在產後盡快恢復體力。

妳明知寶寶得到最好的照護，依舊感到失落，因為寶寶需要醫療監測，無法與妳一起出院回家，這感受完全可理解。有患者說，他十分想念初次皮膚接觸（因為寶寶在保溫箱，還不能長時間抱在手中），無法親餵寶寶（有些早產兒必須先透過導管緩慢餵食，才能進入吸吮母乳的階段）也是非常難熬。

我們鼓勵妳不需要壓抑失望、悲傷、失落或憤怒的感受。許多新生兒加護病房的特點是支援系統，配置了社工人員，他們可以與妳討論出院準備以及妳的感受。像加護病房的護理師一樣，社工都接受了相關培訓，能幫助妳處理所有情緒反應——因此，想哭就哭，盡情生氣，或釋放任何情緒。妳也可以考慮其他支持團體或線上社群的資源。

如果妳因寶寶的關係而深陷悲傷或痛苦，下面幾點可以幫助妳換個角度，獲得洞察：

- 妳的產後荷爾蒙可能讓妳比平時更為敏感。
- 這次經歷很可能是暫時的，僅僅因為妳和寶寶沒能像一般產後就能出院回家，並不代表寶寶之後不能出院。
- 準備好正視這個狀況時，請在新生兒加護病房走一圈，妳或許能欣賞它的特殊之處。正如某個媽媽所說：「我的第二個寶寶早產，必須進新生兒加護病房，第一個寶寶是出生後就能出院回家的，正好能比較這兩種狀況。當然，我也不願意她早產，但確實比我帶第一胎要容易得多。我有時間從剖腹產恢復，也知道有專業人員照顧寶寶。新生兒加護病房的護理師非常有耐心，再次教會我如何給新生兒洗澡和用包巾，甚至請了免費的哺乳顧問來幫我解決餵奶問題。女兒回家時，我已經準備好帶她了。我不想承認這一點，但有時我甚至想念新生兒加護病房，因為它給我們母女很大的安全感與支持。」
- 新生兒加護病房也是個新手爸媽社群，他們的經歷類似，其他父母可以提供支持和建議。我們聽到很多關於媽媽們在加護病房中相識，幾個小時內就抱著寶寶一起坐在醫院長椅上，隨後成為親密好友，還一起慶祝孩子生日的故事。

- 如果妳想餵母奶，但寶寶還沒準備好，或還需要醫療輔助，妳可以先用擠奶器。這能保持妳的奶量暢通，並讓寶寶有機會透過餵食導管喝到奶，而且最終可以瓶餵母乳。提醒自己，之後仍然可以試著親餵母奶，但此時妳可以庫存大量有用的冷凍母奶，之後妳在睡覺休息或工作時都能供應寶寶需要。
- 盡量不要使用 Google 查詢寶寶的相關診斷或日常醫療結果的統計數字，其他懷孕和兒科的醫療問題也是一樣，網路上不會有貼合寶寶狀況的資訊，反而很容易看到與嬰兒實際預後無關的訊息，自己嚇自己。我們鼓勵妳列出詳細的問題，與醫生和護理師討論，得到正確答案，而不是上網自己找。

第五章

家有新生兒

——我做了什麼？

嬰兒出生後的頭三個月有個非正式的名稱：「第四孕期」（the fourth trimester）。如果每段孕期都會記錄寶寶的成長狀況，那麼妳可以將第四孕期視為出生後的幾個月，嬰兒的身體、大腦和認知能力在這個階段會繼續快速發展。此時新生兒的行為與在子宮裡類似（主要是進食和睡覺），也還無法開始密切互動，因此許多人認為「第四孕期」是胎兒階段的延伸。但把這段期間稱作「第四孕期」，掩蓋了妳已經脫離懷孕狀態的事實，這是成為母親的頭三個月，也是人生中一個全新的階段。

這三個月標誌著妳成為母親的新階段。妳經歷完整的孕期，還有生產。看看妳創造出什麼：這個美麗精緻的小小人！這人以前完全不存在，現在就在這裡，他的心臟可以自行跳動，而且他還懂得如何抓住妳的手指，也會喝奶，因為這是自然原本的設計，有如科幻小說那樣令人悸動。這是妳們一起在家的第一天，妳是媽媽，這感受忽而甜蜜，忽而震顫，忽而令人害怕。

然而，正當妳開始享受這份和緩與寧靜，寶寶刺耳的啼哭或令人擔憂的靜默，很可能在妳好不容易睡個幾小時後給妳一擊，妳忍不住驚恐：「怎麼了？寶寶呢？」妳可能每天有好多次自問：「這樣做對嗎？」妳還會想：「真正的大人在哪？他們怎麼把我丟給寶寶獨處啊？」我們有個患者的說法是：「人要駕照才能開車，但養孩子卻不需要執照──有買個汽車座椅就行，這樣對嗎？」

照料新生兒

對新手爸媽來說，最大調整之一是將生活中的不確定性提高到另一個層次。懷孕時是妳身體裡帶著胎兒，安全地到處行動。寶寶出生後，成為有生命的獨立實體，離開妳的身體，將他抱在懷中，這需要全新的心理、生理和認知建設。沒錯，妳是他的母親，但這並不代表妳本能就知道怎麼照顧他。

即便妳具備專業知識，遊刃有餘，但仍然時時措手不及。剛覺得一切上了軌道，寶寶又開始另一階段的快速成長，行為和需求都改變了，妳又得重新起步。這就像其他新的經驗，覺得跟不上腳步是很自然的：寶寶第一次在懷裡入睡，或是寶寶第一次尿布漏了，滴得地毯到處都是。

新生兒的脆弱也增加早期親職的風險，讓人神經緊張。正如我們有位患者說的，「我以為第一次幫寶寶洗澡會是美好的經驗。完全相反，我超害怕把他淹死——他居然可以這麼滑溜溜的。這一點都不好玩，我小心翼翼抓著他，然後又怕自己太大力，會把他捏死。這就像我出國旅行準備拿出護照那一刻，心裡立刻緊縮了一下：萬一搞丟了該怎麼辦？如果妳知道事情可能大條了，眼前瞬間一暗，因為這後果實在承擔不起。」

幾乎每個新手父母都跟我們表達類似的擔憂：我怎麼知道嬰兒在我們睡著時還保持呼吸？我

怎麼知道自己真的餵飽了他？他萬一吐了會有危險嗎？如果我忘了扶住他的頭，結果頭往前或往後倒的話，會造成脖子的永久損傷嗎？這些問題絕對可以拿來問兒科醫生，問妳的伴侶、朋友或親戚，他們會請妳放心。於是妳懂得這些擔憂十分普遍，而妳最害怕的事最終極少成真。

妳的演化過程就是確保能養活妳的寶寶——寶寶愈幼弱，妳內在的警鈴會愈敏銳。但光是直覺要求妳保持警惕，並不表示寶寶會遭遇任何危險——這只是妳保持絕對的關注與謹慎。然而持續好幾小時的警覺與戒備十分耗神，也讓很多新手父母的焦慮高升。

焦慮未必全然是精神症候，同時也是我們需要全神貫注與謹慎時所產生的正常反應。開車時應該保持警惕，避免交通事故。照料新生兒也是如此。幸好汽車與嬰兒的設定，都能承受照顧者的不完美。

儘管寶寶看起來弱不禁風，卻有著驚人的韌性，幾千年來，即便欠缺醫療照料，嬰兒也在各種不合格的條件下活了過來。就算是現在，依舊有些家庭缺電，更別說嬰兒監護器了，但也養出完全健康快樂的孩子。即便妳疲倦錯亂甚至失控，務必提醒自己，寶寶天生就能承受大人（包括新手媽媽——代表不完美）的照顧。

觀照自己的思緒

過度擔憂而搞得心裡七上八下時，最好的冷靜方式就是放下，接受自己的擔心，不再設法抵抗。把正念冥想當做是日常練習會有幫助，妳可以與煩人的思緒共處，但又不會受困其中。許多宗教（例如佛教）都有不同類型的冥想，但正念冥想本身並非宗教或靈修，只是觀照自己的思緒，培養出接受的能力，那麼思緒便不再刺激妳的心情。比方說，下雨天讓妳心情低落，負面思考或擔憂也會給妳壞心情。冥想有助於妳擺脫這些思緒與情緒，請查閱我們的參考資源，查詢不同的冥想派別，選擇適合自己的方式。下列是幾個不錯的開始：

- 每天十分鐘：每個人的日常活動或許有別，但在頭幾個月妳可以設定自己專屬的儀式，這能安定並提醒自己，妳的小世界裡依舊存在著秩序。在一天當中找個把寶寶交給伴侶照顧的時段，或是寶寶正在小睡而妳保持清醒的時候，拿一張堅固的椅子，舒服坐好，雙腳踩地，背部打直；覺得舒服的話可以坐在地上，保持背部挺直。計時十分鐘，閉上眼睛，盡量安坐，靜靜呼吸。數息可能有幫助，慢慢從鼻子吸氣，嘴巴吐氣。數完十次呼吸後，再從一開始數。如果妳發現自己的思緒從數息飄走，也不用感到難過——思緒飄忽是頭腦的行為。注意到這件事，然後回到數息就可以。盡量什麼都不做，不批判分析，只要觀察就好：妳的身體有什麼感覺？腦子裡冒出什麼念頭？妳可能會想到很多要處理的雜事，但不要停下來也不用記下來，只要注意這些念頭，像是坐在火車裡看著窗外風景，念頭一件件經過。妳稍後絕對會記得重要的那件事。

- 身體掃描：做幾個深呼吸，觀察氣息進入和離開身體的感覺。然後，將意念帶到身體各個部位，注意這過程中的感覺與感官感受。從頭開始，沿著脖子向下，來到肩膀、手臂、軀幹、骨盆、雙腿和雙腳。慢慢來，注意任何緊繃，衣服接觸皮膚的感受，感到溫暖還是冷。盡量放慢速度，盡量專注，把意念凝聚成一個小點，遊走身體各部位。如果分心了，保持覺察與接受——妳甚至可以對自己說：「我分心了」——然後從中斷的部位繼續進行身體掃描。
- 動態冥想：如果覺得靜坐不容易（或很難保持清醒），可以嘗試動態冥想。藉著不需要太多思考和精力的活動，例如散步、吃飯、泡澡，做些伸展運動或瑜伽，甚至與寶寶一起玩耍或餵奶，都可以達到冥想的效果。

在動態冥想中，視線是打開的，目標是對所有感官保持好奇。如果妳正在餵奶，請看一下寶寶、妳的身體還有房間，宛如從未見過這樣的景象：寶寶的下巴長什麼樣？他頭上的細髮是什麼模樣？房間的陰影或光線又是如何？妳自己的指甲和手呢？如果生出批判的念頭（妳真該做個指甲），請試著把這些念頭看作是飄過晴朗天空的雲。妳可以在進食的時候做同樣的嘗試（假裝這是人生中的第一碗麵：味道和氣味如何？舌尖的觸感又是怎樣？），觸摸（假裝自己是盲人，淋浴時洗淨並觸摸自己的皮膚，發現身體的新線條），還有聲音（假裝自己是火星人，而且從來沒看過嬰兒，那麼寶寶磨人的哭聲聽起來就變有趣了）。這種練習聽來或許奇怪，但腦子不做任何判斷，專注在自己的感官，這能有效放下對過去和未來的擔憂。

我們聽過媽媽們回想寶寶出生頭幾個月的經過，最遺憾的事之一就是她們忙著擔心，想著目標跟計畫，卻錯失享受寶寶這段成長的機會。正如我們有位患者所說：「我希望能花更多時間與嬰兒一起坐下並享受跟他相處的時光。」有位三個孩子的母親也分享了這樣的智慧：「我知道這個新生兒階段很快就會過去，這肯定是我最後一個孩子了，所以我盡量不要為了避免一切大亂而苛求自己，我試著放過自己，更加活在當下。」正念就是活在當下的藝術。如果妳一天練個十分鐘，未來就能獲能許多小時的記憶作為回報。

才從馬拉松比賽復原，又開始另一次長跑不論是自然產還是剖腹產，妳的身體都經歷了一次重大磨難。傳統上，醫生或助產士可能會給妳一些一般建議，例如暫時不要運動或行房，以及如何照護縫合處或療癒傷口。但是，如果妳沒有約好在產後六週或更長時間進行回診，這可會是一段漫長的照護自己的時間，跟孕期時去醫院檢查的次數相比是天壤之別。儘管妳之前或許為了跑醫院而抱怨，但現在醫生沒要求妳在產後幾週內回診，妳說不定反而感到被拋棄和忽視。加上其他方面的訊息，可能強化妳這樣的印象：照顧寶寶比照顧自己更重要。

尋求社會資源

如果妳是剛做完別種手術後出院，沒有人會認為妳可以自理一個月而不回診檢查。幸好，二〇一八年美國婦產科學院（ACOG）設了新規範，醫生應該在產後三週內盡快安排後續檢查，所以一般執業可望出現改變，讓女性在產後得到更好的護理。

生產在生理和情感層面都造成很大影響，若以為自己能毫無困難地轉而照料新生兒，這是不切實際的想法。許多女人很難接受這個事實：即便她們興致勃勃地準備當媽媽，但身體卻跟不上心理的期望。如果連走路都有點勉強，要如何照顧新生兒？沒有人告訴新手媽媽在這段時間裡要專心調養自己，因此很多媽媽聽到寶寶哭泣但自己手腳不夠快，都會責備自己太懶惰或自私。

有些文化裡，家人或鄰居可能會插手幫忙新手媽媽調養產後的身體。在華人世界，這段時間稱為「坐月子」，專注在媽媽本身的復原：親戚準備滋養的餐食，協助新手媽媽的家務。但美國社會一般沒有這樣的支援網絡，不論是親戚、社區還是公共方式，都沒有提供這種支持。

不僅美國人不寄望家中親戚能照顧新手媽媽，有時候邏輯上來說也不可行。美國人離家前往大城市工作後，大約有四分之一的人跟家族的距離超過開車可及的範圍，因此很難幫忙照顧新生兒。這也意味著新手爸媽面臨的壓力、孤立與花費都會升高。

很多國家的狀況是，家人若無法伸出援手照顧孩子，就由社會制度提供支持。在法國，政府補貼托兒；在北歐的斯堪地那維亞半島國家，有很多的組織可以連結地方媽媽們，參與媽媽同儕社群；在英國，新手媽媽可享一次由護理人員、助產士或陪產士執行的到府產後檢查，以確認母親的身心健康狀況。這些服務在美國都沒有類似的補貼。而且，由於美國沒有法律保障父親和祖父母的陪產假，即便妳的伴侶和父母住在附近，也願意協助照料，他們仍可能無法請假來幫忙。難怪一般美國新手媽媽感到非常不知所措。

這樣說並不是悲觀，而是鼓勵妳尋求幫助，盡可能建立支持系統，也是要強調需要幫手很正常。即使妳一向能幹，不假手他人，這時候也該向外求助了。妳可能已經想像，頭幾週的親職時間是新家庭建立親密聯繫的機會。如果一開始要求更多幫助，之後妳仍然會獲得大量的清靜時間。也許妳能麻煩一位家人用幾天假期來幫忙——而且他們的熱忱或許會出乎妳意料。此外經濟許可的話，請雇用專業保母。如果妳沒有參考資源，請致電醫院或生產中心，或向接生單位、陪產士或朋友尋求建議，也查詢我們的參考資源。

關照自我感受

無論妳在育兒方面是否有幫手，都得找出時間與方法來照顧自己。照顧自己並不自私，而是保護自己的方式。新手母親最難的事情之一，就是花時間參加那些聽起來瑣碎，但實際上對妳的自我感受十分重要的活動。這些經驗能幫妳回饋到自己身上。

有時候，我們只有在放棄了那些最能確認自我的事，才會發現這些有多重要。當我們放棄慣常的例行公事，很容易覺得感到空虛，但又不清楚確切原因。這話或許聽來多餘，不過，剝奪了每天帶給自己快樂的所有小事，可能會導致憂鬱。

我們建議妳列出照顧自己的必需品清單，並且影印幾份，放在白天觸目可及的地方，例如浴室鏡子和冰箱門上，提醒自己要挪出時間保持這些習慣。想想還沒有寶寶時的生活，一天當中妳覺得生理上和情感上最重要的是什麼？或者，在任何一週裡，最能提振情緒的方式是什麼？妳可以動動腦筋，設定類別，從極小、極基本的事，到規模大些而且非常享受的事，這樣做滿有用。

這份清單列出幾個例子，但我們鼓勵妳盡可能詳細，盡可能別出心裁，找出讓妳開心的習慣與活動：

- 身體上：去洗手間、喝水、睡覺、吃東西、洗澡（或至少洗臉和梳頭）、刷牙、運動（身體準備好後）、出門、換上乾淨的衣服、做頭髮、回到日常保養美容程序。

- 社交、精神上：發簡訊聯繫朋友或跟朋友碰面、打電話給家人聊聊、參加志工服務、上教堂、跳騷莎舞、種植花草、冥想、洗個澡、做按摩、看電視、聽音樂、玩樂器、寫日記、逛街、做飯或吃一頓美味的餐點，或是跟那些妳親近信任、又逗妳開心的人相處。
- 關係上：跟伴侶約會、行房（當妳身心準備好後）、擁抱、互相分享自己一天的經過、一起看電影、和朋友共度時光，回復以前日常生活裡開心的環節，例如一起散步。
- 腦力上：讀一本書、關心時事、看電影、上博物館、看表演、玩填字遊戲、寫作、與同事討論工作、跟有趣的朋友聊天，暫時遠離育兒話題。

不必煩惱這些事的可行性，動腦想想這份清單。如果看起來有些不切實際，那就考慮這個人母的生活可以怎麼調整——如果不能花三十分鐘洗澡，可以在浴缸中泡腳十分鐘嗎？如果外出晚餐的不可行，可以請人幫妳做頓飯嗎？從現在起，這是重要的練習，如果妳告訴自己，寶寶大一點我就可以辦到，那妳可能得再過十幾年才有時間。自妳上次去剪頭髮、找朋友或修指甲起，現在可以安排下次的時間了，這樣的作用是，一旦記入行事曆，妳就更能記住自己的需求並落實執行。

與寶寶連結

想像一下生活在子宮裡的感受，裡頭恆常溫暖，被母親的身體包裹熨貼，聽著母親的心跳。現在來到真實世界，不論嬰兒房有多舒服，感覺都降了好幾級。

即使新生兒是足月出生，也要經歷多年的發育才能適應這世界，更別說是照顧自己了。有項研究表明，人類嬰兒需要經過十八到二十一個月的妊娠期（而不是一般說的九個月），在神經和認知發育才相當於初生的黑猩猩。人類在嬰兒發育初期就將寶寶生產出來，科學家並不確定其中原因。一直以來的理論是，人類骨盆的結構相對較小，以便直立行走，但這尺寸不足以在生產時讓嬰兒頭部通過。一個十八個月大的嬰兒可能更適合在世界生存，但這種頭部大小永遠不符合母親的骨盆結構。關於這九個月便終止懷胎的新理論，也與母體和胎兒之間的代謝競爭有關，從本質上來說，發育中的胎兒吸收更多母親所需要的卡路里，在母親無法安全提供養分而母嬰之間變成危險的寄生關係前，母親必須把胎兒生出來。

不論進化的原因是什麼，寶寶都會在九個月後呱呱落地，非常需要照顧，而且發育未成熟。特別是在最初的幾週間，他的模樣幾乎算不上是個可愛的嬰兒，而且跟他在一起也沒什麼樂趣。他的大腦和感覺能力仍在發育，可能一直昏昏欲睡，少有互動。另外，他大部分精力都用在成長、復原，以及適應這個叫做地球的新環境。

這一方面是個祝福，因為寶寶一天睡上十六個小時（雖然單次來看時間並不長），而且他不像大孩子那樣需要很多刺激。但這可不是說新生兒好帶。他們依舊需要持續的關注，很多媽媽說，很難感受自己與那坨動起來看起來都像外太空生物的小東西的連結。新生兒通常瘦小而且皺巴巴的，幾週後才會變得圓潤，幾個月後才開始微笑並與妳互動，此時的可愛程度遠不及以後。之後寶寶微笑才會給妳一種「他愛我耶！我是媽媽喔！」的感覺，在此之前，妳可能感受不到這種溫暖與柔軟——特別是在凌晨四點時。

如果這是妳第一胎，而妳居然沒有特別感動或心跳加速，還覺得跟寶寶相處很無趣，妳自然會無所適從，擔心這種麻木會永遠持續。但我們一次又一次地看到，對許多母親來說，當孩子長大，抽高，更能預期，也更好溝通時，照顧寶寶這件事就變得更有趣了。

我們有位患者分享了自己的故事，以及她認為有用的建議：「寶寶出生的頭四週裡，每天感覺都一樣，而且我好一段時間都沒有獲得寶寶任何回應，也沒有親密連結。這讓我想起，在這個階段，寶寶比起真正的人，反倒像是一種動物：他進食、睡覺和大便。如果妳想一邊哺乳一邊看電視，請不要感到內疚。他正從妳的身體裡吸收到他需要的養分。」

想當完美媽媽

半個世紀之前的一九五〇年代，那時心理分析學家唐諾・溫尼考特（Donald Winnicott）在論述與研究中創造了「媽媽夠好就可以」這個口號。溫尼考特認為，成為完美甚至「盡可能完美」的母親不僅有害而且毫無必要。妳不必成為「最好的」母親也能養育孩子。只要夠好就可以了。

有的女性無法接受「夠好」，因為這聽起來像是不思進步。他們努力扮演母親（甚至做出犧牲，放棄了過去的職業，成了家庭主婦），那麼這結果難道不該比夠好還要再更好嗎？

溫尼考特的主張不是個終極低標，而是接受事實的方式：妳只能盡力而為。

心理健康的指標之一，就是能接受沒有人是完美的。即便妳的孩子在妳眼中完美無缺，他依舊是人。他可能睡不好覺，或者是個挑食的孩子。他可能長大後學習困難或做一行錯一行。妳愈早承認自己不會成為完美母親，就愈早能接受這個現實：妳的寶寶也不可能完美。與其追求成為「最好的」或完美母親，不如把目標放在懷抱同理與真誠的態度跟寶寶相處。即使是不完美的父母，寶寶依舊愛妳，他成長期間依舊把妳當成學習榜樣。

既然妳把寶寶帶來這個不完美的世界，接受自己的瑕疵是個相當有用的教養方式。如果妳這麼完美，寶寶習慣妳的完美，他可很難適應這個世界。妳的任務是確保孩子長成獨立的個體，如果妳完美符合他的一切需要與想望，他就不可能獨立。

不完美的母親可以幫助孩子學到忍受挫折，自給自足，並學會撫慰自己的技巧。這些是心理學家所謂的韌性或毅力的指標，這種人格特質其實比天賦帶來成功更有可預測性。這與身為母親的許多要素環節一樣，對寶寶跟對妳都好。

內疚與羞恥

我們常聽到媽媽低聲私語，這些想法她們從未告訴朋友或伴侶：「有時候我希望回到過去的生活。」或說她們會想，「有時我只想睡一下下，不想帶小孩，這樣算壞媽媽嗎？」這些矛盾的想法完全合理，但許多媽媽對此感到羞愧。

我們稱之為母性的拉扯——有時妳覺得被拉往母親的角色以及寶寶的需求，有時妳會想推開一切。身為人母，正如生命裡其他錯綜複雜的經驗，有正面也有負面。就算妳深愛寶寶，也不能改變這樣的事實：帶小孩實在不好玩。但對許多媽媽來說，承認自己會想離開寶寶休息一段時間，幾天甚至幾週，這念頭令人恐懼，因為妳不禁自問：我會永遠困在這種感覺裡嗎？要是我搞錯了怎麼辦？這是否表示我不愛我的孩子？

發現自己對寶寶的注意力轉移到照顧自己以及生活中的其他人，這讓妳感覺兩難，也不確定該如何兼顧。每次選擇了一邊，另一邊一定不滿意。放下工作會議去看兒科醫生，或是寶寶哭鬧時多睡了十五分鐘，然後發現他躺在一堆吐物裡，這怎麼可能不感到內疚？與嬰兒共度時光，但腦子裡全是要回覆朋友來電，回覆老闆的電子郵件，想著與伴侶共進晚餐，或想睡覺，這時該怎麼辦？

內疚未必是壞事。罪惡感就像矛盾與憂慮，可能是母職的常態，或職責的一部分。有時，內疚是因為把自己放進不符實際的理想狀態；但有時是提醒妳，應該重新評估選擇了。如果內疚感促使妳反思自己的行為，在必要時調整改變，那麼可能很有效。例如，如果妳因為總是無法準時去托兒所接女兒而感到內疚，那麼可能該跟老闆好好討論，調整妳的上下班時間，或另外請人接女兒。

羞恥引發憂鬱

雖然內疚難免，而且常能刺激思考，但羞恥感卻是另一回事。內疚是對自己做的事感到難過。然而，羞恥卻使對自己的身分感到難堪。羞恥是個結論：我做得爛，沒有能力，當不成好媽媽。羞恥讓妳感到受困與絕望，以為自己不如別的母親，但妳怎麼知道呢，這些媽媽們說不定有著同樣的經歷，可以為妳打氣。

同樣的經驗發生在不同人身上，可能引起羞恥或內疚。有個媽媽可能會因為帶孩子時還玩手機而感到內疚，於是發誓明天把手機收起來，更努力陪寶寶，或者只是認為即便這個方式不夠好但也算可行。另一個媽媽可能就感到羞恥了，她認為看手機表示不夠愛孩子，覺得自己一定有毛病。

羞恥帶來痛苦，有時毫無理性。羞恥可能導致自我憎恨，於是引發憂鬱。憂鬱可能會讓妳搞自閉，這又讓妳難以與他人分享自己的感受。與其他人隔離，於是恥辱感又增強，這樣重複循環，就成了每況愈下的痛苦深淵。感到羞恥的人會想掩蓋自覺羞恥的事物。他們避免談論自己的感受，內心深處的情緒又醞釀成自我嫌惡，這種循環會繼續下去。每當妳發現自己感到羞恥，第一步就是要記住，對某個經歷感到不妥，並不會讓妳成為壞人。生活就是從經驗中學習：下回永遠可以選擇不同的方式。

解題練習

重新架構羞恥的感受

感到羞恥時，可以使用以下任一種正面選項來重新架構自己的感受：成就（不要專注於自己的失敗，要提醒自己哪些做得很好）、感恩（不要專注在欠缺的事物，而是注意現在擁有的一切）、接受（不是提高成為「更好的母親」的門檻，而是接受那些妳無法控制的，在這種情況下的目標應該是「夠好」就行了）。

1. 羞恥的內心獨白：「『我完全跟不上了。』每個朋友都升官了——我本來計畫產假時要修改履歷表的，但還沒動工，我真是懶鬼。」

改用「成就」架構：「我把寶寶照顧得很好，產假時也讓自己恢復得很快。同時我還有份工作，這是個成就，回去上班後我會列出事業上該從哪邊下手。」

2. 羞恥的內心獨白：「我真是差勁的媽媽——跟老公吵著誰該顧女兒，讓我去上健身課，這太糟了。我好自私好可悲，胖了這麼多，我好想趕快回健身房。」

改用「感恩」架構：「我跟伴侶才剛升格為父母，時間分配上還在摸索，這也沒什麼。他這麼支持我，吵完架也沒生悶氣，我真是太幸運了。我還有動力去健身，真開心，身體健康又強壯也很好命——多那幾公斤才能生寶寶，我的身材才沒問題呢。」

3. 羞恥的內心獨白：「餵奶時還看電視真是糟糕。為什麼我餵奶時不能更專心，更愛女兒呢？我真是個壞媽媽。」

改用「接受」架構：「我跟女兒在一起，整天裡絕大多數的時間都專心帶她。餵奶很辛苦，因為會痛，這我也沒法子改善，所以需要電視來轉移注意力，反正女兒又沒看，這有什麼關係？就算我不太會餵奶，也不表示我是壞人，也不是壞媽媽。」

妳得學著應付這種照顧自己又要照顧他人的拉鋸所造成情緒緊繃，才能成就好的母嬰關係。遊走在兩種矛盾的感受，可能讓妳不清楚自己是否小題大做；但是這兩個端點同時並存，就是當媽媽會體驗到的正常情緒起伏。

永無止境的混亂

不論妳多愛寶寶，有時難免覺得自己像個老媽子。諷刺的是，即便是潛意識裡，多了父母的身分會讓妳想起童年時期的無能為力。沒錯，會有這麼一段時間，妳失去時間管理的掌控力。我們認識的多數新手媽媽都說：「我不知道為何一天就這樣沒了。」

我們有很多患者對於一天當中照顧新生兒能完成的進度，設定了過於高遠的期望。有些女性認為，當媽媽會在生活裡展開全新超高效率的階段，她們可以在嬰兒醒來前的凌晨五點去健身房，收到禮物後的二十四小時內能寄出所有感謝函。有些人則認為可以繼續生小孩之前的例行公事，趁寶寶睡覺時，或把寶寶兜在胸前出門辦事，完成一切工作。

就我們的經驗，一旦設定的標準愈高，若無法達成目標就愈容易自覺一無是處。目標是用來鼓舞人前進的，但與這輩子其他階段相比，寶寶出生頭幾週則不同，此時幾乎一切都脫離掌控。如果妳早上訂下朝氣蓬勃的大計畫，到了晚上為了進度落後而自責，那麼妳最終會陷入自我糾結與掙扎；如果妳打算逼著寶寶依照嚴格的時間表作息，但寶寶的發育還沒到這個程度，這就成了與嬰兒的角力。

如果媽媽執著而堅定，非得將這一天能成就的理想願景化為現實，那麼難免將失望與怒氣投射在寶寶身上。有位患者說，寶寶才剛出家門就吐，於是她對寶寶大吼，因為「我們哪有時間回家重來一遍。」但當她發現自己居然為了寶寶表現得像「欸，就是個嬰兒啊」而大動肝火，她不僅為了多花時間而沮喪，也為了自己隨意遷怒感到內疚。此時最好的建議就是，順服這一切經驗。她學會制定可以調整或全盤打破的計畫，也提醒自己，這種看似永無止境的混亂只是暫時狀態，幾週後就會改變，因為孩子會長大，逐漸適應常規生活。

羞恥引發憂鬱

成就了某些事，知道自己在做什麼，而且做得還不錯，這叫駕輕就熟，大多數人都能從中獲得自我價值。但照顧寶寶跟駕輕就熟無關，每回洗乾淨的包屁衣不到幾分鐘又給吐了或尿了一身，或是才餵好的寶寶不到兩小時又餓了，這毫無成就感可言。我們的建議是，找出那些零星點綴的微小任務，毫不費力就能完成；從小處著眼：清理茶几，做幾分鐘伸展。請記住，妳的一天並非零和遊戲——整潔的茶几讓屋子更清爽，即便水槽裡還堆著餐具。專注於這些小成就，可以幫助妳減輕煩惱和失控感。

有時候，想重溫駕輕就熟之感，最直接的方式就是做自己真正擅長的事情（這算是種照護自己，像之前提到的沖個澡、去找朋友）。有位拉大提琴的患者告訴我們：「懷孕末期我根本沒拉琴（有肚子擋著，我的琴弓幾乎碰不到琴弦），也不確定嬰兒出生後是否應該回到社區樂團。很多彩排我都無法參加，而且老是拉錯，但我一回去拉琴，我就意識到，這輩子在當媽媽之前我都在做這件事。演奏帶給我的成就感宛如海浪般湧上，這是我照顧寶寶一天後從來沒有的感受，記得這種感覺真的很不錯。」

妳每天的優先要務也許都不一樣。在某幾天，當務之急就是活著。有位患者說：「學著忍受自己不是每件事都辦得到。如果一天下來心想：『我有完成什麼嗎？』請記住，如果寶寶還活著，有吃飽，而且還算乾淨，那麼妳完成的可多著呢。」

還算乾淨，不是乾乾淨淨。有經驗的媽媽會這樣講──妳不得不對一片混亂處之泰然。我們說一片混亂，那就是視覺上意象上具體的亂。寶寶換下的尿布、濕紙巾、衣服，有時還得迅雷不及掩耳的換床單。如果妳用奶瓶餵，那還加上奶瓶、奶嘴、擠奶器零件、配方奶粉，全都塞滿妳的櫥櫃和尿布台。不管妳的房子有多大，也不管妳多麼追求極簡，寶寶的東西似乎已經蔓延開來，而現在根本還沒開始買他的玩具呢。要是沒人幫妳打掃家裡或是幫忙帶小孩（但有時就算妳有幫手也一樣），妳可能需要降低妳對整齊清潔的標準。

有些人需要屋子一塵不染才能感到舒適與安定，這點就比較困難，特別是現在生活充滿不受控的因素。把視線放在可以改變的小處，記住：有打掃總比沒有好。當妳告訴自己：「下午四點了，我早該打掃過屋子了。」這想法從哪來的？通常妳會把自己跟另一個理想狀態的母親相比。請相信我們，多數新手媽媽以為別人「做得更好」。當妳在街上看到另一個媽媽，然後自覺比不上的時候，請告訴自己，初為人母的階段，誰都會手忙腳亂，即便從外頭看不出來。

找出「應該」的陳述

認知行為治療（Cognitive Behavioral Therapy，CBT）中，我們鼓勵患者觀察自己一天下來腦子裡想法的敘事與用詞模式。「應該」一詞是個警示，這表示妳從自我批判而非慷慨與接受的角度來思考，給了自己不必要的壓力。「應該」聽來讓人洩氣，而非鼓舞與激勵。

CBT研究顯示，當妳觀察並重述妳的「應該」句子，有助於降低羞恥感，察覺哪些觀點不符事實。下面的練習或許有用：每當妳對親職這件事說出或想到「應該」二字時，把整句話寫下來。寫好之後，在這句子下方重寫新的句子，傳達正面寬容的思考。比方說，有個朋友說了帶有「應該」的負面句子，妳會怎麼回應。在腦中出現負面思考時，馬上寫下來，過一陣子有空時，坐下想一想，帶著更多愛自己的心情重新潤飾一遍。

下面是幾個例子：

- 「應該」陳述句：「寶寶終於睡了。我想爬上床，懶得刷牙了，但我應該先洗碗。」
  改用正向架構：「花了好多時間哄寶寶睡喔，我累壞了，需要好好休息，迎接下一輪寶寶起床的大小事，女兒需要我多休息，才能好好陪她，她也不懂什麼叫洗碗，更不懂什麼是水槽堆了髒碗盤。」
- 「應該」陳述句：「朋友要來看寶寶，我應該買些點心飲料給他們——畢竟他們每次都盛情款待我。」
  改用正向架構：「朋友要來我家，他們知道我還沒從剖腹產復原，又一個人帶寶寶。我可以請他們自己帶點心過來──他們知道我其實是個大方的主人，只是今天實在沒辦法。」

- 「應該」陳述句：「我應該每天早上都鋪床──不鋪是懶蟲。」
改用正向架構：「我會試著鋪床，看這能不能讓我更開心或更整齊。但如果寶寶睡得不長，而我比較想先洗個澡，那不表示我懶惰，我只是非常忙，要區分事情輕重緩急。」

新伴侶關係

如果妳有伴侶，妳的家庭現在從兩名成員增加到三個。雖然每對伴侶（及其中成員）對於過渡期的感受都不一樣，但我們可以保證，寶寶的出現絕對會改變伴侶關係。直至目前，你們或許已經一起經歷重要的里程碑，例如婚禮，照顧寵物，以及家務分攤的例行日常。但你們從來沒有一起養過小孩，你們現在是以新的方式成為家人了。

妳與伴侶一起克服挑戰、共度難關，還有分攤責任，妳會發現這些經驗能凝聚兩人的情感。但正如同關係中的一切重大變化，你們需要花點精力才能摸索出新的常態。伴侶中的兩人都必須重新磨合出自己的角色和例行程序，才能將寶寶的身心照護融入妳的家庭和生活。

寶寶出生後，我們希望妳的伴侶能全天陪妳幾星期。妳要完全依靠他。如果妳需要起身去洗手間，或需要人攙扶爬樓梯，或是需要有人抱嬰兒，讓妳凌晨兩點餵奶後可以睡一下，請他幫忙就是了。這樣仰仗他人，可能讓妳感到尷尬或沮喪。但是請記住，你們是一體的，當伴侶脆弱無助時，妳也會在他身邊。

有位患者提出有用的建議：「我們的婚姻跟別的時候相比沒有太大不同，我們有這樣一條規定，每次只能有一人軟弱低潮，另一方必須扛起維持關係的任務，捱過去之後就能放下。生完孩子後的頭幾週，很明顯，我會是無助的那一方，但我倆都明白，最終我會再次成為他背後的穩定支持。關係就是施與受。」

伴侶的輕易上手、細心照護跟應變能力，可能讓妳相當驚喜，甚至喜歡看著他當爸爸（或當媽媽）的另一面。另有位患者分享了寶寶如何讓丈夫展現「母性」的面向：「我正在調養生產的傷口，很難到處走動，抱起寶寶。我很擔心照顧不了寶寶，但又非常疼痛。我先生真的很進入情況，寶寶一哭，他第一個跳起來。在頭幾週裡，他負責所有餵奶、清理大小便和哄睡的工作，因為我自己幾乎做不來。」

有時，即使妳的需求（或寶寶的需求）如此顯而易見，妳的伴侶也可能看不出來，因此直接求助非常重要。不要指望伴侶會讀心術。當然，沒等妳開口就能得到照顧，感覺十分暖心，但明確提出要求好過埋怨伴侶一點都不開竅。我們建議妳的要求盡量明確而實際，即便妳覺得再清楚不過了，但如果想要伴侶去買尿布，別以為他知道該買的牌子跟尺寸。

有位患者告訴我們：「我通常負責洗衣服，但是當我忙著照顧寶寶時，我發現自己沒法完成平時的家務分工。起初我以為先生會注意到而且自動接手（如果是我一定會這樣做），但是他完全無視洗衣籃堆積如山的髒衣服。剛開始我很火。我一直應承寶寶的一切需要，由他負責我們的飲食和日常家務，好讓我安心顧寶寶，這麼自然的事為什麼他還要人講？但我不願往壞處想，只說：『你得接手洗衣服了。』他沒半句話，馬上照做了。我很高興沒有為此爭執。」

另有位患者就沒這麼冷靜，特別是她疲倦萬分的時候：「我們夫妻之間的交流溝通一直很順暢。但前四週真的很困難。女兒第一次哭時，我急忙跑去抱她，我先生覺得我太專橫，我覺得他沒馬上反應真是沒神經。但他一直很支持我也很願意付出，我覺得很內疚，但有時我就是氣起來說：『你根本弄錯了啦！』我知道這傷了他的心。」

解題練習

與伴侶這樣溝通

在這困難的過渡期要維持關係，妳能做的就是溝通，帶著覺察表達妳的感受與需求。就算沒生孩子時也一樣如此，但這不容易做到，因為妳必須揭露自己的脆弱，即便妳難以理解伴侶的感受，也要保持關切。下面的提點妳可能第一次聽到，但在這挑戰重重的時刻，妳需要保持覺察，時時提醒自己：

- 不要在氣頭上急著反應

如果妳生伴侶的氣，最好等到氣頭過去再開口。與其表達動怒的事實，不如探討生氣原因，還有如何一起努力，避免這個原因再度發生。如果兩人都在氣頭上（而且又累又餓），或正在應付寶寶出招，請寫下想說的話，找個更適當的時間說出來，而不要在兩人都累的時候開口。

- 通常，聆聽就夠了

如果伴侶習慣解決問題，而妳其實不希望他出手解決，可以這樣開頭：「我只想要你聽就好。」告訴他，談話是妳用來發洩的好方法，就算是抱怨，也不代表妳暗示這是他的錯，也不表示他必須改正。而且，如果伴侶也遇到問題，請帶著真誠的好奇心聆聽，問他需要妳什麼樣的支持，而不是找機會為自己辯護。請記住，目標不是誰對誰錯，而是讓兩人成為更好的團隊。

- 談論妳的角色

理想狀況是，生孩子前就抽出時間來討論，你們各自希望在家中扮演的照護角色，但是繼續（或現在開始）這樣對話總是有幫助。重要主題包括：性別角色、財務選擇、職涯方向、管教風格，以及由誰來處理餐食，起床和就寢時間。不管是平均分擔托兒工作，還是由單一親人承擔較多責任，都要清楚而且協同合作地劃分責任。

- 分享自己的童年故事

彼此訴說自己成長的經過，包括那些鮮為人知的艱難故事，這能幫助相互理解，釐清兩人的歧異。妳可能會訝異雙方的看法如此不同，了解更多伴侶心中的溫馨回憶和傷口。

- 排解生寶寶之前的任何怨懟

有位患者是家中的主要經濟來源。生孩子前，她就十分不滿這種財務壓力，當了母親之後，這種怨恨只會加劇。重點是找到冷靜的方式來討論這些怨懟，以及如何調整自己的角色。

- 從「我」出發

妳可能很常用「我覺得」作為溝通用語。不過，這不只是從「我覺得」開始。如果妳說：「你換尿布讓我覺得很生氣，因為你都弄錯。」這句仍然是指責，會觸發伴侶的反抗。反過來要真正的從「我」出發，講出妳的感受，為自己的感受負責。

- 批評要有建設性

「你可以多幫寶寶換尿布嗎？」跟「你為什麼從來不幫忙弄寶寶？」這兩句話是不一樣的。與其著眼伴侶的缺點，不如展望未來，提出具體的調整方向，讓伴侶知道如何幫忙。

- 與妳的伴侶像陌生人一樣說話

我們經常犯一個錯誤，即認為如果我們愛一個人，那麼我們就不必依賴在工作場所或相識時使用的那種禮貌。在需要情感誠實才能蓬勃發展的戀愛關係中，這似乎違反直覺，但是如果妳能融入社交風趣，則有助於避免防禦性的反應和傷害感情。記住，說「請」和「謝謝」能讓關係走得更長遠。

感受伴侶支持

有句老話說，在美滿的婚姻裡，雙方各自付出六〇%。如果妳有伴侶，在這段關係的日常，特別是養育孩子的過程裡，妳可能覺得責任分配不均。也許其中一人在育兒方面感到較大壓力，而另一方感受的壓力來自財務方面。加上幾世紀來文化觀點詮釋的性別角色與親職教養，責任該如何分攤其實並不明確。

如今，父親對育兒工作的參與程度可能高於上幾個世代。但研究顯示，即使是雙薪家庭，母親依然被視為「天生的帶小孩專家」，而父親則扮演從旁幫忙的次要角色。皮尤研究中心（Pew Research Center）在二〇一五年的調查顯示，父母都有全職工作的雙親家庭裡，育兒和家事的分攤較平均，但即便是雙薪家庭，日常照護責任大部分還是落在母親身上。這項研究涵蓋了已婚和未婚關係，而同性伴侶中同樣有責任失衡的現象。

支持性質的共同教養這種觀念，可以幫助到希望平衡家庭中情感勞務與實際勞務的父母。這個名詞第一次出現是在探討離婚後的親職教養，但現在適用於所有希望在教養中合作互助的伴侶。支持性質的共同教養的定義是，當父母雙方在照顧孩子的實務責任與情緒責任相互重疊，教養策略與對角色的感受要開放溝通，並支持對方的努力。支持性質的共同教養不是把照顧孩子的工作從中切成兩半，而是要分享教養經驗，在情緒上感受到伴侶的支持。支持性質的共同教養另一個關鍵面向是持續重新評估家中角色，並且保持開放。也就是說，每星期冷靜討論有關換尿布、倒垃圾、哄寶寶的工作分配，而不是怨懟耳語或是大聲爭執。

妳也大概猜得出研究結果：長時間實行支持性質的共同教養，能帶來正面的心理益處，不只是影響妳跟伴侶之間的關係，更包括妳的孩子。這能改善教養品質，提升關係滿意度，以及婚姻健全程度，更能降低爭吵頻率與離婚風險。

除了希望伴侶分攤更多工作，另一個問題是，共同決策有時很困難。有個患者這樣說：「討厭的是，他下班回家，有時會指正我該怎麼哄寶寶睡。我想回嘴：『陪寶寶一天的是我，你應該問我需要幫什麼忙，不是跟我說你懂得比較多。』」伴侶介入並插手干涉妳的「領域」，可能激怒妳；但他可能只是想分享一些有用的技巧，不希望局限在被分派工作的次要角色，或被當成無知的那一方。

懷孕的是妳，而現在妳正在餵母奶，這表示寶寶跟妳已經建立了身體連結，但妳的伴侶並沒有參與其中。他可能會覺得自己遭到排斥，或甚至被排除在養育經驗之外。現在寶寶已經出世，伴侶可能以為妳總算可以放點情感與陪伴在他身上了；然而，妳所有注意力現在都轉移到寶寶身上。如果妳的伴侶感到受傷，就很難給妳支持，分攤養育責任。他甚至可能沒發現自己被忽略（不論是睡眠還是性愛），但妳也許會從他的易怒與疏離，看到這層情緒。

受挫的親密關係

有位患者告訴我們，她頭一次發現自己對親密關係難以保持覺察，就是在照顧寶寶而累壞的時候：「寶寶才幾週大的某天晚上，我先生下班回家，我們一邊餵寶寶，哄他睡覺，先生一邊跟我說了一天的經過。我很開心坐在沙發上看電視，只想喘口氣，享受這天頭一次的真正休息。但一坐下來，我先生就拿膀子環著我，開始揉我的手臂。我甩開他。我甚至不知道為什麼，我只是不想被碰到。他覺得我很沒禮貌，所以生氣了，但這是不公平的，儘管我知道他只是想維持親密，像個成年人一樣相處，擁抱彼此，或只是坐著談天說地。但經過一整天被寶寶黏在身上，我就是辦不到。」

我們常常從新手媽媽那裡聽到類似的情節。想要獨處的欲望讓人困惑，尤其是與伴侶的親密關係通常能撫慰妳的心緒。但這很正常。如果妳整天抱著嬰兒，疲憊不堪，那麼當伴侶下班回家，妳可能只想多點空間給自己。這並不是拒絕伴侶，而是妳想照顧好自己，才能活得像個人，甚至才能當個性感的妻子。但重要的是，要明白告訴伴侶，妳才能照顧好他在親密關係裡受挫的感受。

在親密關係裡發生爭吵，很多時候是下意識感到被忽略和被拋棄。妳要明白，夫妻倆的親密時光並沒有劃下句點，只是暫時延後，這能幫助兩人更有耐心地看待日常摩擦。

盤點一下妳倆關係的固定儀式有哪些改變，這能幫妳注意何時能重新「做回自己」並且像個伴侶那樣享受這些儀式跟日常。這跟照顧自己一樣，列出親密關係的維護清單會有幫助，以做為提醒。如果妳通常在晚餐時分享一天的經過，請注意寶寶的睡眠時間，那麼妳倆起碼每天會有一餐一是起共享的——也可以是早餐而不是晚餐。選部電影，計畫約會的主題，那麼接下來幾週妳會充滿期待。請家人或保母看顧寶寶，妳就能出門享受還沒當爸媽前最愛的約會形式。跟其他人約好做點什麼，就能重新像對夫妻一般出席社交場合。

鼓勵伴侶與朋友打交道也會有幫助，他能得到更多的情感支持，而不是光靠婚姻來滿足他的社交、情感和娛樂需求。當然，這樣妳就得自己顧寶寶，讓他出門玩，不過他也該為妳做同樣的事。輪流帶寶寶，你們可以鼓勵彼此，去運動、交朋友，還有照看自己。你們各自的出口愈多，相互支持以及照顧寶寶的能力就愈強。

接待訪客

一旦妳告訴大家妳生了寶寶，朋友可能會問問能不能來拜訪。這是人之常情——他們想看看家庭新成員，表達愛與祝福。妳也需要社群跟親戚的支持，但重點是要想好接待訪客的方式與時間。

妳剛生完孩子（不論妳需要多長時間來恢復體力），此時接待訪客跟平常招待客人可不一樣。妳的工作是照顧寶寶，並讓伴侶和訪客照顧妳。這代表妳不必擔心客廳整不整潔，要不要塗睫毛膏，冰箱裡有沒有備好妹妹最愛的汽水。如果客人問：「我該帶點什麼呢？」請坦白告訴他們——也許他們可以帶點吃的，或是妳沒時間去買的洗碗精，這會有幫助。歡迎客人到妳家通常是個慷慨的舉動，但妳現在要稍微自私一點了。

有個朋友告訴我們：「不管妳想在一天之內招待幾位客人，請再減掉一個名額。現在連跟人寒暄這件事，都是才開始就令人疲倦。妳可以要求朋友待五分鐘就走，或跟朋友說，暫時先別過來。如果妳對朋友的感受過意不去，請讓伴侶當「壞人」，要訪客先離開。或者，事先給朋友簡訊提醒，像是：「我大概十五分鐘內就會累倒，雖然只能撐這麼久，如果你沒問題的話，我還是希望你來。」

此外，現在跟懷孕時期的人際互動可能不同了。妳的朋友在妳懷孕時可能非常照顧妳的需求，關心妳是否感到舒適，但是現在寶寶已經出世，妳不再是關注焦點。或許妳覺得自豪，同時也感到被冷落。不過，妳可以利用這個好處——如果朋友忙著逗弄妳那難以取悅的寶寶，而妳也覺得沒關係，那麼讓朋友抱一下寶寶，把握這個時間趕快沖個澡。她可以跟寶寶拉攏感情，而妳又利用機會休息。

妳無法預測在這幾週裡，有誰會出現，又有誰不會來。曾經流產的朋友可能會迴避，因為看到妳的寶寶可能讓她傷心。另一個老是說討厭小孩的，搞不好是第一個登門造訪，帶來零食和禮物，幫妳折衣服。妳最好放下期望，讓朋友決定。最終，妳要確保這些重要的關係能不受影響；但在最初的幾週內，妳應該更關心自己的需求，而不是他們的需求。

如果朋友非常囉唆講究，妳可能得禮貌性地拖延他們上門的時間，等到妳體力恢復，也更懂得帶寶寶再說。目前，妳唯一應該開門迎來的訪客，是那些不會帶來負擔的，也不會對妳發洩情緒的。有位患者說：「我朋友帶了兒子來，他正在咳嗽。我把先生拉進嬰兒房，告訴他我擔心寶寶被傳染。我們回到客廳，結果發現他們似乎從嬰兒監視器裡聽到我們談話的內容，起初我很緊張，但後來他們因為聽到了所以先行離開，我反而鬆了一口氣。我本來就想要這樣。為什麼在我自己家裡我反而不敢提出要求？」

解題練習

訂立接待訪客的原則

誰能來，待多久，這些問題由妳跟伴侶決定。寶寶是你們的，界線要由你們來定。兩人可以事先決定這些原則：

- 妳一天能輕鬆接待多少人？
- 妳是否歡迎某些人來，有些人則否？
- 到訪時間長短有限制嗎？
- 誰可以抱寶寶？
- 寶寶可以被拍照嗎？我們願意被拍照嗎？照片可以放到社群媒體上嗎？
- 如果妳餵母奶，妳可以在別人面前餵嗎？
- 如果對方感冒了，他可以來嗎？
- 妳會要求訪客抱寶寶前先洗手嗎？他鞋子應該脫在門外嗎？這些規定由誰執行？

誰說了算？

如果家人住得不遠，妳可能會發現跟母親或繼母相處的時間多得多了。即使妳們之間的住所有段距離，但親戚特地來探訪妳跟家中新成員的次數變多，也不是令人驚訝的事。如果妳以前與親戚間的界限明確，那麼嬰兒的到來有可能打破這些界限。

正如一位患者所分享的：「有些祖父母以為寶寶是他們的，所以妳得小心處理。妳仍然必須掌控全局，但誰說了算就比較混亂。」另一位患者的故事是這樣的：「我公公一直要教我剛出生的女兒叫他『公爵』，因為他討厭被叫爺爺。這讓我非常惱怒——我女兒根本還不會講話，這就是他來我家的目的嗎？即便家裡有了新生兒，我公公依舊以為世界繞著他轉。」

就算他們現在當上爺爺奶奶、外公外婆，也別指望妳或伴侶的父母會神奇變身成另一個版本。如果妳的母親過去不擅長噓寒問暖，那麼她可能不會時時抱著寶寶，而是更專注在打掃屋子。如果妳的婆婆本來就捧著妳的伴侶，不太理會妳，那麼有了孫子她大概也不會改變一絲一毫。

另一方面，也不是沒有驚喜。也許妳婆婆始終相當淡漠，不時挑剔妳，但支持妳選擇瓶餵。正如有位患者分享的：「女兒出生後，我與婆婆更親密了。我認為有些共同點真的很有幫助。我們來自不同的國家和文化，要是沒有寶寶，我們很難找到連結。」

有時候，祖父母會逐漸轉變，更加進入狀況；有時他們會拒絕升級，或者對新角色的詮釋與妳不同。即使與寶寶無關，妳感到受傷與失落依舊是正常的。有位患者這樣描述：「我爸媽非常愛嬰兒——他們簡直被迷住了。這跟我記得的童年根本兩樣——那時我哥哥生病，搞得他們手忙腳亂，以至於我不認為他們曾經如此寵愛過我。發現這個事實令人傷心：他們當我爸媽遠不及當外公外婆。」如果妳願意，可以考慮與父母分享這個看法。妳可以先從稱讚他們當祖父母的溫暖親切著手，當作談話的引子，再接到他們當祖父母的經歷，以及養育妳的經驗相比較。並且，如果可以與他們分享妳童年經歷的痛苦回憶或疑惑，也不妨試試。或許他們現在有足夠的距離思考，表達歉意或解釋。

不受歡迎的建議

來訪的親戚往往會給些（不受歡迎的）好心建議。雖然姊姊、堂哥、母親或婆婆的這些提醒多半出自善意，但有時會讓妳感覺「我比妳懂得多；我才是家裡的正牌母親」。妳可能會覺得這些親戚因為妳欠缺經驗而看輕妳，不把妳身為媽媽的事實當一回事。在初為人母時期，建立新身分的心理任務之一，就是容許自己花點時間，練習信任自己的決定，掌握身為母親的權威。他人的建議或有道理，但如果不適合妳的養育方式，那也不適合妳。

如果妳想避免與家中女性長輩發生潛在衝突與對立，可以試著說「謝謝妳的建議」或「聽起來很棒欸」。妳當然不必實際去做，也不用明講妳不會做。

如果這些對話（或即便沒有）涉及伴侶的家人，重點是伴侶會支持妳，或與妳一同傳達訊息。如果妳覺得丈夫放任公婆的行為而忽視妳，請找時間與他私下談談妳的感受。

有位患者說：「我公婆什麼都要管——每次跟他們見面，都得待在他們家，遵守他們的規定，依照他們的時間表做每件事。我多半無奈應付過去，而他似乎懂得從他們的角度思考，他說：『他們只是想做頓豐盛的給我們吃，準備一整天了。』但我不想一直打亂寶寶的作息，況且回家路上明明會塞車還得開車出門，第二天早上我又得上班。我不得不跟他解釋，就算會讓公婆失望，有時還是得拒絕，以便維持寶寶的規律作息。」

請記住，伴侶與父母的關係變化，很可能是他長期以來調整好的生存策略。就跟妳一樣，他這輩子都必須處理自己對父母產生的情緒與失落；他可能會容忍或忽視公婆的行為，因為多年來，他不得不在相處之中學會看好不看壞。因此，與其試圖說服他改變看待公婆的方式，不如將能量集中在妳所需要的，以及為何這對整個家庭，尤其是對寶寶最合宜。

確立哺育方式

無論是母乳、配方奶，還是兩者交替，每個媽媽和寶寶都得找出最適合雙方的哺育方式。產後的幾小時或之後幾天，護理師、陪產士，或哺乳顧問可能已經給妳一些餵母奶的建議和協助。很多女性發現，餵母奶牽涉到學習曲線，有些人輕鬆就能辦到，但妳和寶寶可能要花個幾天或幾週才能摸出竅門。

當前文化趨勢強調母奶有益寶寶健康，因此許多媽媽若能順利餵母奶便感到自豪，像是取得首次重要母性測驗的優勝獎盃。能夠恰如其分的應承寶寶的需求（食物和擁抱），是非常令人滿足的情感經驗。嬰兒不好懂，多半也很難哄，但是當他們肚餓，想被餵飽，很可以在短時間內放鬆而心滿意足。妳的身體就能成就這一切，感覺宛如無所不能，令人振奮，尤其是寶寶愈大，也愈不容易用其他方式哄。話雖如此，並不是每個女人都能夠（或想要）餵母奶。雖然從科學文獻上很容易看到餵母奶的好處，但根據我們的臨床經驗，患者告訴我們（有的媽媽是一個孩子餵母奶，另一個餵配方奶），母奶寶寶跟配方奶寶寶之間的差異微乎其微。餵母乳並不是大自然要來測試母親夠不夠格，餵配方奶當然也不表示當媽媽失敗或不及格。

很多女性跟我們坦承，就算能餵母奶，也並不輕鬆。乳頭可能會疼痛，寶寶不好含住。這都可能讓人沮喪，筋疲力竭，特別是在半夜，只有妳才有奶，所以能哄餵的人就是妳了。而且有時不論再努力都行不通。如果妳的目標是餵母奶，我們的建議是，向醫生求助，或是請個哺乳諮詢師，或尋求哺乳支持團體（參見參考資源）。有時小兒科醫生會建議讓寶寶正確含乳的方法以及其他經驗分享。我們知道很多母親克服最初阻礙後，最終很享受哺乳的過程。

如果妳親餵有困難，醫生可能會建議妳試著擠出來餵，或是給寶寶補充配方奶。例如，有時妳或許奶量不足，搭配配方奶一段時間，對餵母奶有實際上的幫助。否則寶寶可能無法獲得足夠的營養，變得愈來愈煩躁或疲倦，無法吸吮母乳。媽媽也可能因為壓力而累垮；但如果妳用配方奶替代，或許會更有時間與耐性，慢慢嘗試並熟悉餵母奶。

我們認為，新手媽媽為了餵母奶而面臨社會壓力，有時會在心理上造成沉重負擔。如果餵母奶給妳的壓力大過於滿足感，那麼當然可以尋找替代方案。如果親餵對妳或寶寶而言效果不佳，可以選擇擠奶器，這樣仍然可以讓寶寶喝到母奶。或者，妳可以選擇搭配或完全轉為配方奶。（當然，用奶瓶餵奶也並非易事，妳可能必須試過好幾種奶嘴，才能找到寶寶中意的款式。配方奶也不是一種口味能滿足所有寶寶；妳必須嘗試幾個牌子，找到最適合寶寶消化的那一種。）

養育者的自信

寶寶的健康狀況取決於幾個因素，主要是哺育、睡眠和情感連結。如果使用配方奶可以幫助寶寶獲得更多熱量，並延長睡眠時間，就是好事。而且，如果配方奶可以幫助妳在餵養和整個過程中保持鎮定，情感上更專注當下，那麼這可能增加寶寶與妳的連結，對孩子健康更有益。

餵母奶還會將妳的身體與寶寶的身體緊密連結。有些女性認為這對建立親密關係來說是種享受，有的女性卻覺得受到限制。如果懷孕讓妳自覺身體不再屬於自己，內心不快，而且回應寶寶需索跟應承伴侶需要相比，落差實在明顯，那麼長時間餵母奶對妳可能欠缺意義。我們跟許多女性相談，她們開心餵了幾個月母奶，但一年不到就希望我們「允許」她們停餵，因為她們對於配方奶這個合理選項感到內疚。也有些其他女性則餵了超過一年，同時承受來自家人、朋友甚至是醫生的質疑，「妳怎麼到現在還在餵？」

「食物」在家庭中，往往是蘊藏各種情感的話題，如何餵養寶寶也不例外。妳的母親可能餵過妳母奶，而妳決定夜裡改餵配方奶以便睡好一點，可能遭到她的批評。或者，妳可能正在為餵母奶而苦苦掙扎，但母親冷淡而忽視妳的努力，還說她從來沒有餵妳母奶，沒什麼好大驚小怪，這讓妳感到傷心。妳可以選擇不透露餵食決定，也不必聽任何人的批評。但反過來說，開誠布公也可能帶來出乎意料的溝通。有位患者告訴我們：「我餵母奶遭遇不少困難，感覺非常失敗。母親總是逼著我要一切做到完美，所以我很怕告訴她這件事。但當我跟她說時，她卻十分體諒。她告訴我，她根本無法餵我母奶。她的體諒讓我鬆了一口氣，也讓我想起，像我喝配方奶的人其實也長得不錯。」

無論妳選擇親餵還是瓶餵，都可能需要在大庭廣眾之下餵奶。在美國，哺乳母親受到法律保護，可在任何公共場所餵母奶。我們鼓勵妳以各種最舒適的方式來哺乳。不同情況下妳可能得重新評估。例如，在陌生人面前妳可以自在地餵母奶，但在父親面前卻不然（或是狀況相反）。但有些人可能認為，在公共場合給孩子餵奶並不合宜——妳可能會遭人側目，不以為然，或是聽到無謂的批評。而且，如果妳使用瓶餵，陌生人可能會分享意見，或多嘴建議。正如妳懷孕的體型遭受關注一樣，這取決於妳的反應。我們鼓勵妳選擇感覺最對的回應，像是無視他們、微笑和點頭、翻白眼，甚至針對這種多嘴建議也可以好好教訓他們「如何閉嘴」。

我們可以給的最佳建議是，提醒自己，無論如何，寶寶最終會脫離這個階段，而且此後妳都可以用別的方式餵養孩子。我們有位無法親餵的患者感到失落，因為她認為用配方奶餵寶寶「不符合自然」。當她的寶寶大到可以開始固體食物時，她便開始用自製的有機嬰兒食品製作食物，這提高了她對成為「自然」養育者的自信。儘管有些媽媽覺得買菜、準備和製作食物泥很麻煩，畢竟都能在超市買到，但這位母親發現，準備食物的過程非常療癒。

寶寶睡，妳也跟著睡？

成為母親之前，妳或許能夠徹夜狂歡，強忍時差，或是因為心情不好，鄰居太吵而輾轉反側。但不管情況如何艱困，最終妳都能盡情睡上一覺。但當妳有了新生兒，就好像今天暫時停止闔眼，而這個今天會持續幾週甚至幾個月，一夜好眠可能是個難以達到的境界。

每個成人需要的睡眠時數不同，但如果沒睡飽，人最終都會覺得身體與情緒上難以負荷。睡眠不足會影響思考，並且干擾妳的記憶力與專注力，破壞妳做出正確決定的能力。睡太少會降低精力（當然包括性欲），造成血壓升高，引起情緒波動和易怒，體內壓力荷爾蒙增加，於是對身體造成嚴重破壞。我們還碰過患者因睡眠不足導致產後憂鬱，影響母乳分泌。

腎上腺素、咖啡因，還有對新生兒的愛，短期內可以支撐妳運作，但無法取代良好的睡眠品質。實際上來我們診所求助的新手媽媽，被我們問的第一題就是睡眠。甚至病患都知道我們會在處方上寫著「睡覺（SLEEP）」兩字，附上嚴格的說明，讓患者帶回去。我們不是因為睡眠本身是容易做到的解方才如此建議，而是我們看太多了：睡一兩個晚上的好覺，就能改善情緒和焦慮的問題。而且，睡得不夠又沒補回來，接下來最常見的就是產後憂鬱或其他心理問題。

專家看待睡好覺的方式各不相同，但我們建議的是，夜裡起碼好好睡滿四個小時。午睡會有幫助，但並不能完全彌補夜裡好好睡一覺的問題。「寶寶睡妳也跟著睡」是很常聽到的建議，但僅僅因為身體疲倦和寶寶睡了，妳就能關機跟著睡，這事說來容易做來難。曾經失眠的人都能夠理解時間壓力讓人更難放鬆。而不能跟寶寶同步睡著也會增加挫敗感。

依照我們的經驗，最好的解決辦法就是跟伴侶、家人、朋友或托兒專業人員求助，請他們至少幫忙餵一晚的夜奶，以瓶餵母奶或配方奶都行，讓妳能多睡幾小時。或者，如果只有妳能餵奶，那就請他們把寶寶抱來給妳餵，把換尿布和其他照護交給他們。

如果妳或妳的伴侶是夜貓子或習慣早起，你們可以將夜間的托兒工作分成兩半，讓另一方連續睡四小時。也許妳可以負責夜班，讓伴侶早早上床，清晨五點起身接手，或是反過來也行。

保持靈活與彈性

餵奶是良好睡眠的一大阻礙，即便寶寶半夜裡很快便在嬰兒床裡沉睡，妳自己也可能很難睡。光是知道嬰兒猝死綜合症（Sudden Infant Death Syndrome，SIDS）的可能性，就帶給所有父母極大焦慮。於是有的爸媽夜裡風聲鶴唳，更加緊張了。在頭六個月這段時期，嬰兒猝死症的風險最高，儘管SIDS不常見，但這種恐懼會持續存在，成為父母夜間壓力的常見來源。

目前美國兒科學會（AAP）的建議是嬰兒在頭六個月（甚至到一歲前）都跟妳同房，但要睡在安全妥當的搖籃或嬰兒床。有些母親覺得寶寶睡在身邊比較放心。如果妳要餵奶，那麼夜裡大家在同一房裡餵完後，可能會更容易入睡。

但有些媽媽則發現跟寶寶同房很難睡好。這可以用演化論解釋：這麼多新手媽媽對寶寶的動作和聲音高度敏感，是為了做好準備，保持警覺。但如果所有微小的聲音或雜音都能吵醒妳，而妳醒著躺在床上，耳裡細聽寶寶的氣息，那麼同房的安排可能負面效果大過正面影響。如果睡在寶寶旁邊，使妳過於緊張而無法入睡，而家裡有別的空間，請考慮在「休息時間」時離開寶寶，到另一個房間補眠，妳甚至可以用耳塞，這樣就能在伴侶看顧時好好休息，不被打斷。（如果妳發現自己明明該睡覺了卻醒著，而且一直盯著監視器，請與兒科醫生談談，有什麼方式對全家都有好處。）

無論妳如何安排寶寶的夜間流程，我們都希望妳記住，重點是保持靈活與調節空間。育兒的所有層面都是如此，如果壓力大於好處，最好重新評估這個決定。改變主意並不代表失敗，而是從經驗中學習，並隨著嬰兒不斷成長發展的需求，持續調整。如果妳需要或想嘗試一下其他睡眠安排，請與兒科醫生談談，可以的話才放手進行。隨著寶寶成長，大腦成熟以及睡眠模式改變，幾週（或幾天或幾個月）後都會出現變化。

離巢外出

窩在家裡和寶寶膩在一起，有助恢復體力，特別是產後頭一兩星期。這也是讓身體復原，練習哺育照護，熟悉與掌握新的育兒技巧並建立信心，讓寶寶適應子宮外的生活，又不會過度接收外界刺激。只要妳不覺孤單與隔離，整個過程其實十分舒適，好處多多。

但最終，妳還是不得不離開屋子。如果妳待在家隔離太久，沒有日照刺激維生素D生成，也少了成人世界的視覺、聽覺和互動的刺激，那麼不論是身體、心理還是社交上都不健康。此外，妳和寶寶必須回診，動起來，這樣妳就能保持一定程度的自主行動，不必完全依靠他人帶來外界的事物與消息。

如果妳遲遲不想帶寶寶出門，請試著找出原因。妳是否需要多點時間恢復體力，或是體力有了但情感上還做不到？帶著所有寶寶必需品出門是否讓妳緊張？妳擔心寶寶會出什麼事嗎？然後他會開始哭，而妳沒法安撫他？重點是要弄清楚焦慮或抗拒背後的原因。

這些嶄新經驗的根源往往是恐懼。有位患者告訴我們：「第一次帶寶寶過馬路時，彷彿我的胃裡有個洞。我清楚感受到他離開了我的身體，離開了我的保護範圍，有史以來頭一遭。自行車有可能撞到他，嬰兒車的輪子有可能脫落。太可怕了，不管妳試多少次，寶寶現在所處的世界沒有半點是妳能掌控的。」那名患者待在家裡，就不停的焦慮未來，這表示她想像中的離家場景，只有最壞的情況。她想到自己帶寶寶出門就很緊張，但試了幾次後，沒有發生任何意外，於是她的過度擔憂逐漸消解。

如果妳擔心寶寶在外頭哭鬧，請容許自己當個初學者，在大庭廣眾下摸索和學習，這一點問題也沒有。誰都知道嬰兒會哭，如果妳的寶寶出門時哭鬧，沒有誰的一天會因此毀掉，妳也不會得到壞媽媽貼紙。就像有位患者所理解的：「在外頭沒有誰像妳一樣老擔心自己，批判自己。路人很清楚該怎麼無視哭哭啼啼的寶寶。」而且，如果有人在心裡批評妳，那有什麼實際的壞處？那只是他們腦子的想法，又不是妳的。

從小處開始。寶寶出生後幾星期，還不是搭八小時火車去看奶奶的最佳時機。但如果妳只想散步到街口，在後院玩半小時，那很好。下次再走遠一點。帶孩子去辦點小事，或去公園散步。頭幾次先別把出門時間安排在寶寶喝奶或小睡時間；因為寶寶的作息模式還沒固定。花些時間準備。確保妳帶齊出門需要的一切，但請提醒自己，如果忘記了某樣東西，一定能臨機應變或掉頭回家。如果妳覺得出門有伴比較安心，請找伴侶或朋友與妳同行。盡力準備迎接突發狀況，如果妳不想碰到有人感冒，或是尿布漏了，寶寶抓狂，隨時準備調整計畫。妳出門的次數愈多，走得愈遠，妳就會更有自信。

克服早期分離

帶寶寶出門很關鍵，但拋下寶寶自己出門也一樣重要。有位患者承認，十個多月來，頭一次真正獨自出門的感覺有多讚：「我把配方奶和所有補給品都丟給老公，自己去婦產科，去看牙醫，還買了新胸罩。我心裡不好受，但一點都不想念寶寶。我知道回家後就能看到他。有點屬於自己的時間，呼吸新鮮空氣，完成一些事，感覺真是太棒了。」當她享受完這微不足道的，屬於自己的單人冒險，跟寶寶在一起時感覺更新鮮更快樂。

離開寶寶可能讓妳神經緊張——你們以前從來沒分開過。想辦法讓自己更放鬆。如果妳不在時，伴侶、母親或伴侶跟母親能陪寶寶，妳可能會輕鬆點。也許妳現在唯一信任的是妳最好的朋友，她已經養了三個孩子。或者，如果妳請了保母或嬰兒看護，而對方是經過CPR訓練的專業托兒人員，妳也可以放心。只要克服這些早期分離的困擾，妳就能學會更能信任對方能負起責任。

另外也要記得，頭幾次放下寶寶出門的經驗如果不好受，也沒關係。這些早期分離會帶來情緒，這很自然。正如有位患者所描述的：「我記得和先生第一次離開家去吃飯。我感到很大的壓力，例如：『我應該要好好玩。』但我太累了，根本吃不下。我相信我爸媽會照顧寶寶，但我根本輕鬆不起來，因為一直想著『寶寶現在在幹麼？他會找我嗎？』」不過，下回她和先生出去吃飯時，就放鬆許多。妳可能需要多出門幾次，才能逐漸開始享受。

妳和伴侶看待放下寶寶出門這件事，可能意見不一，或是優先次序不同。這類議題就是會觸發埋藏在童年經驗的深層情緒，需要反思與深入溝通。如果妳不花點時間解釋情緒的根源，這些分歧可能成了爭吵的引子。有位患者告訴我們：「我幾乎都是保母帶大的。我從不希望孩子以為我喜歡參加晚宴勝過陪伴他。我需要解釋，不是我不在乎我們的約會，我只是覺得，如果出門前是我把寶寶放回床上，我會更放心去玩。拖太晚出門讓他很介意，但我跟他保證，我會帶上我的擠奶器，這樣我們就可以隨自己意，在外面玩得很晚，開心享受相處時光。」

帶寶寶就診

關於直接的健康問題或醫療決定，第一個要找的應該是兒科醫生。如果妳擔心寶寶出疹子、發燒或對藥物的反應，請致電醫生。他能分辨是否該帶寶寶去就診，或是先觀察看看。

如果妳擔心自己因為焦慮而太常打電話，以至於醫生不會把妳當一回事，妳還是要打。妳也許要檢討一下為何如此焦慮，但這是另一個問題。醫生與診所員工的職責就是處理焦慮的父母；妳不是第一個。默默擔驚受怕，以為孩子問題大了，這不是妳的工作。

有些患者訴說了他們與兒科醫生的衝突。一位女士說：「我懷孕時遇到了一位兒科醫生，她整天都在談論餵母奶以及這對寶寶有多好。我還不確定是否要餵母奶，我希望的兒科醫生是願意聆聽的，而不是忙裡忙外，霹靂啪啦講一堆指示原則。我覺得，這位醫生讓我太緊繃了。」

如果妳的兒科醫生和診所人員讓妳不敢打電話，或心生疑慮，那麼妳或許想找別的醫生。兒科醫生跟像婦產科醫生一樣，行醫風格各異。妳的直覺判斷，與醫生的網路評價一樣重要。妳要信任他們的專業知識以及他們如何處理醫病關係，而他們的育兒理念跟妳的做法應該是一致的。

大寶的醋意

如果家裡有大寶，他們對新生兒感到妒意是人之常情。就算大寶沒有表現吃醋或其他情緒，妳也會發現他的行為發生退化。本來已經可以自己上廁所的，現在開始尿床，或是也來討奶吃。如果大寶最近才換到「大寶寶」床，他可能想回去睡原來的搖籃。（也因此，這時不宜進行任何改變，像是進行如廁訓練。）大寶可能會鬧脾氣，因為想要爸媽注意，不論是關心還是斥責都好。

有個辦法能讓大寶感到自己也是關注焦點，就是給他一個嬰兒娃娃或絨毛玩具。讚許孩子能當個好兄姊，感謝他能溫柔陪著新寶寶。妳可以請孩子幫妳拿尿布，或者陪妳窩著一起餵小嬰兒，讓孩子參與照料嬰兒的過程。指出大寶可以做，而寶寶辦不到的事。另外，帶新生兒回家時，鼓勵伴侶跟大寶去做些特別的，屬於大孩子的活動。如果妳沒有伴侶，祖父母、朋友或保母也可以扮演相同的角色。

當妳稱讚大寶，或請大寶一起照顧弟妹時，妳也在建立正面的關係。當然，大寶的確會感到失落孤單，特別是如果他年紀還小，而新生兒受到的注意又比較多。如果他無法用語言表達感受，很可能會捶打或欺負自己的玩具娃娃。這在年幼的孩子中很常見，他們可能難以表達自己的情緒。無需驚慌；這是他應對挫敗的健康方式。妳不可能、也不應該剝奪他的負面情緒。

如果妳看到這種情況，可以問他以下問題：「你是不是生氣我先照顧寶寶，沒讀故事書給你聽？」讓大寶明白，生氣是可以的，可以對玩具粗魯，但不能傷害嬰兒。

第六章

成為人母第一年

——你好，我的寶貝

生產的同時，妳與寶寶經驗了一場極度深刻的分離，過去寶寶一直生活在妳身體裡，突然他獨立出來，成了這世上單獨的存在。現在，他逐漸從一個蠕動的新生兒長成真正的人，而妳的重要任務之一，就是學著如何將他視為個體。即便在寶寶成長的第一年，他的成功（第一次站起身）與掙扎（第一次癟嘴拒絕吃任何食物）都屬於他自己，不屬於妳。親子關係要有健全的基礎，就在妳學習的這一課：妳無法控制寶寶的渴望、需求或行為。這並不表示妳毫無著力之處，但妳在這段關係的共舞之中，要懂得隨機應變，彼此妥協。

到目前為止，妳經歷了好多「第一次」，妳和寶寶甚至可以建立一套流程，妳會有更多時間帶著寶寶出門探險，而妳的人母經歷，有部分會是發現這世界如何看待你們。妳會聽到讚美（他和媽媽一樣漂亮！）、意味不明的稱讚（就她啊？呃，看起來像個可愛的小男生！）、有批評（妳真的不應該沒戴帽子就帶他出來）、也有比較（八個月大長這樣似乎有點小隻？），以及出乎意料的非理性誇飾（從他眼睛就看得出來他超級聰明）。

妳家寶寶具有獨立人格，妳也是獨立個體；妳愈能對這段關係保持覺察，愈不需要尋求外在的認可，於是妳的親職角色就更上手，寶寶也更有安全感。這建議同樣適用於接受並支持妳的伴侶在關係裡的個體性，以及他與寶寶關係的特殊性。

三%俱樂部

如果妳正為了育兒問題苦苦掙扎，或寶寶正經歷一段挑戰重重的階段，請別把這段時間視為「問題」。我們提出了「當媽媽這樣就好」的概念，從現在起（而之後永遠如此），我們想鼓勵妳也考慮接受「寶寶這樣就好」的觀念。

盡量不要心心念念都是各種目標。體重和身高成長圖以及妳可能讀到的其他成長里程碑，都是醫生的標記，在健康問題出現時能出手處理。但這些數字（從嬰兒的出生體重到其他百分比）既不是成績，也不是對於妳身為照顧者的評分。

如果妳的寶寶位於生長曲線圖的第三個百分位，而醫生說一切正常，請相信他。如果直覺告訴妳，狀況不太對，請尋求其他專業意見。但如果朋友的孩子位於九十百分位，那也不代表她的寶寶更健康，也不意味著她更會當媽媽，或她做了什麼妳也該照著做。這可能只表示她家中成員每個都長得很高。健康的寶寶身形大小各自不同，因此這是個起點，讓妳用個人角度看待寶寶，看待妳跟他的關係。

我和寶寶合拍嗎？

每個嬰兒各有氣質，媽媽也是如此。「合拍」二字描述了嬰兒與母親兩者性情的和諧度。有時這種合拍是恰到好處：例如淡定沉靜的母親配上隨和的寶寶。這位淡定的母親也可能與難以撫慰且需要大量耐心的難搞嬰兒產生互補。但是淡定也不代表就合拍：這樣的母親碰上隨和但要求強烈刺激的寶寶，可能十分糾結。合拍不代表媽媽和寶寶必須具備類似的性情與作風，而是理解這兩種性格如何磨合與衝突，這有助於親子關係的發展。

有的媽媽與寶寶為了彼此合拍與否相當苦惱。如果妳渴望肢體親密接觸，而寶寶在妳擁抱他時奮力掙扎，妳可能感到被拒絕。如果妳不是活潑型，可能會覺得好動的寶寶簡直難以招架。我們有個患者害羞內向。她的第一個寶寶天性隨和，但無論他是笑還是哭，聲量都是驚天動地。她花了一些時間來適應寶寶的聲音和情感上的份量。「起先，我一直覺得跟他待在同一間房裡太刺耳了──他真是有夠吵的，我只想調低音量！但最後我發現他只個性太鮮明。在一天末了他終於睡去後，我真是感到平和寧靜而謝天謝地。但我習慣了。即便他吵到我耳朵快聾了，我也不會再感到震驚或擔心，現在我就是覺得很喜歡有他在身邊。」

如果跟寶寶的許多互動都像是一場角力，那可能表示妳碰到了個性不合的狀況。這可會讓人耗盡心神，疲累沮喪，因此尋求幫助是個好主意——對象可以是妳的伴侶、父母或姻親、幼兒保育員甚至妳的兒科醫生，或其他醫療保健機構。他們可能對撫慰嬰兒的方式提出各種建議，或者他們可以提供支援，讓妳休息。別把這當成抱怨，擴大支持網絡是明智之舉。有時妳可以找到應急之計。我們有不少患者起先都認定問題出在與寶寶的連結，但是跟兒科醫生描述問題後，醫生協助他們找到了諸如胃食道逆流的醫學問題。一旦找到了正確的治療方法，寶寶就不再那麼躁動，可以單純享受媽媽的愛了。

避免過度解讀

如果妳和寶寶很難磨合，那這種角力難免要升高到個人層次。我們有位患者說：「我試著幫寶寶拍嗝時，他似乎叫得更厲害了，好像知道我沒有半點當媽媽的能力。」另有位患者說：「每次放下寶寶小睡時，她都會吐，我就得幫她換掉整套衣服，這就像她打算跟我做對。」

如果妳發現腦子裡轉的都是這些念頭，有可能是經歷所謂的「過度解讀」，上綱到「個人化」，也就是把一切當做是針對自己。寶寶本來就不夠成熟，不會刻意操縱妳的感受。通常，他們知道的只有肚子餓、不舒服、尿濕了、害怕或想要抱抱。如果妳對寶寶「拒絕」或「找麻煩」感到特別不滿，可就需要花一點時間來記錄或與朋友或治療師談談。妳或許會發現，過去幾段困難關係與這經驗有某種連結，讓妳自覺不討人喜歡，意識到自己正將過去的痛苦投射到與寶寶的交流。根據我們的經驗，探討這些關係留下的遺憾，有助於提高對寶寶相處困難的耐受度，也教妳如何客觀看待。

另一種方法是寫下正念肯定句，提醒自己，不論多麼挫敗，寶寶畢竟是個嬰兒，而當媽媽有時並不簡單。每當心中不安，就讀一遍。下面是幾個我們患者覺得有用的例句：

- 他就是這樣，不管誰當他媽媽，他都會哭。
- 我檢查過所有問題（肚子餓、尿布濕、想睡覺等等）也都解決了，現在沒別的辦法，我也不是他不開心的原因。
- 有時爸媽就是無法把不舒服變不見，而我讓他看到我會處理他的不安；這有助於我們的長期關係。不管怎樣我都愛他。
- 兒科醫生說他的行為正常，我不用擔心。
- 我的任務是找出他的哭泣模式，不是自亂陣腳。
- 這狀況有時會出現，但不會一直下去。如果我保持耐性，一切都會過去。
- 如果寶寶是安全待在嬰兒床裡哭泣，我離開一分鐘，讓自己冷靜一下也無妨。如果太生氣或不耐煩，或許我需要吃點東西，去洗手間，或就只是獨處兩分鐘。

心理學家碧翠絲・畢比（Beatrice Beebe）透過母親與嬰兒互動的錄影片段，分析研究母嬰關係。影帶的定格顯示，要是兩人屬於互補的搭配，親子間可能有如共舞般同時貼近與遠離彼此。例如，如果媽媽餵食時寶寶感到不知所措，看向他處，媽媽的回應是給寶寶一點空間，坐下等待寶寶轉回視線，再次看著她後才試著繼續餵食。

看待這項研究的某個角度是，寶寶會教妳怎麼當他的父母。當寶寶需要幫助，他會引起妳的注意；當寶寶準備探索，培養獨立或讓自己安靜下來，他會推開妳。我們鼓勵所有父母在早期育兒時期相信自己的直覺。正如我們常提醒患者的：盡量避免妨礙寶寶，妳的孩子會告訴妳該怎麼辦。

健康的依戀

「依戀」（Attachment）一詞，是心理學家描述嬰兒及其照護者如何連結的術語。我們可從演化生物學的角度來思考依戀——新生兒費盡力氣來到世間，因此自然界為嬰兒設計出可愛路線，於是我們忍不住要照料他們。但我們並不會因為嬰兒生得可愛而與他們產生連結。這裡還加上愛的神祕成分，還有催產素的影響，催產素是孕期和生產時釋放的激素。餵母乳和皮膚接觸也有助於促進依戀的化學成分散布。

研究顯示，嬰兒對情感的需求很可能強過對身體照護的需要。一九五八年，心理學家亨利．哈洛（Henry Harlow）以剛出生的恒河猴進行研究，提供牠們食物和庇護，但沒有擔任撫慰角色的母親，只有一個電動餵食器，毫無身體的撫慰。當哈洛將這組猴子與另一組餵食量少但在嬰兒床上擺了柔軟可擁抱的物體，兩相對照，發現第二組幼獸長大後的行為更健康，即便挨餓或遭遇壓力，也較能平撫情緒。這項研究是依戀理論的奠基論述之一，指出情感連結對健康成長的重要性，不下於食物、水和其他維持生命的必需品。

在嬰兒期為依戀打下健康的基礎，是妳要完成的首要任務之一，這能引導孩子步上一生情感健康之路。但是，依戀毫無公式可循。虐待和忽視的確對任何嬰兒都是傷害，但「夠好」的依戀關係卻可透過各種方式來建立。

非言語交流

研究母嬰依戀的心理學家經常探討「調頻」的品質，這是母嬰之間的非言語交流，讓照護者能透過面部表情和其他手勢來滿足嬰兒的需求。

在出生後幾個月中，妳與嬰兒的絕大部分溝通，都得透過臉部表情。一九七五年，心理學家愛德華．特羅尼克（Edward Tronick）的「面無表情」實驗顯示，嬰兒對母親的非語言交流，產生相當深刻的反應，隨後的研究都證實這一點。嬰兒天生就有溝通、看與被看到的需求，這早在學習口語或學著聽懂口語之前就存在。寶寶或許看不出妳心想什麼，但某種程度上，他可以觀察妳的臉。而且，懂得從眼神中分辨出對方是否在撒謊的人都能告訴妳，臉部微細的動作很容易洩漏我們的情緒。因此，母親的情緒狀態（會影響其臉部表情的動態，還有肢體情感的溫暖程度），對寶寶的成長就跟母奶或配方奶一樣重要。

依戀也是一條雙向道。妳或許沒想到，這樣一個小不點，腦子對世界幾乎一無所知，卻有自己的人格或「自我」。但是，針對名為人性特質裡的「氣質」（temperament）進行的心理研究指出，嬰兒出生時就具有人格或情感樣式。遺傳和養育都會隨時間影響孩子，但某些特質，例如對噪音敏感、害羞，甚至幽默感，這都與身高一樣，已經編列在基因裡了。

一九六〇年代，心理學家托馬斯（Thomas）、卻斯（Chess）和伯奇（Birch）建立了一個量表，將嬰兒氣質分為三個基本類型：隨和、難搞和慢熱。這不是精確的類別，很多人介於兩者之間。

隨和的嬰兒通常心情愉快，睡眠良好，並且容易適應環境變化，例如嘗試新食物和適應在新房間裡睡覺。難搞的嬰兒通常很挑剔，難以撫慰，他們對日常活動的干擾更為敏感，即便一切得到規律的安排，他們在入睡和進食方式的節奏也可能遭遇重重麻煩，似乎很難設定他們的生物時鐘。慢熱的嬰兒對新狀況和陌生人持謹慎態度，但等到熟悉新的環境或新的時間表，他們就像隨和的嬰兒一樣適應良好。

落入這三類以及三類之間的嬰兒，其個性各有特色，與成年人一般無二。只要去詢問任何一個生了兩個或更多孩子的母親，她會告訴妳每個嬰兒如何展現自己獨特的性格。有的扭來扭去像隻好動的小爬蟲，有的則喜歡閒閒乘涼。有些喜歡對陌生人微笑，有些十分害羞。有的嬰兒情感表現十分強烈——感到高興、悲傷或飢餓時，絕對會大聲讓妳清楚知道，但有的則很難搞懂。

聽從與直覺

探討依戀時，有很多父母會想到「親密育兒法」（attachment parenting）。這是一種育兒哲學，鼓勵與親子間持續的身體接觸。儘管肌膚接觸的好處很多，但科學尚未證實必須一天二十四小時，連續七天的肌膚之親才能確保寶寶身心健康。

本書的多數育兒建議都呈現我們的專業觀點：從心理健康角度出發的撫育方式有很多，我們的建議是聽從妳的心與直覺。

心理分析學家約翰·鮑比（John Bowlby）是依戀理論的早期研究者之一。他認為，嬰兒天生需要依附主要看護者，這會產生一個原型，也就是「內在運作模式」，以此建立嬰兒未來的各種關係。鮑比認為，這種模式奠立孩子自尊的基礎，培養判斷他人信任度的能力。自二十世紀中期鮑比提出研究以來，關於童年依戀在成人關係上如何展現的研究持續發展進步，但我們仍然同意他的基本原則：與父母建立連結的方式，是我們學習愛的關鍵部分。

孩子的依戀方式有多少是天生，又有多少來自養育，科學上始終存在爭論。因此，就像育兒的許多面向，孩子的依戀方式很可能非妳能掌握。但有些成長的大原則適用於多數孩子，也能幫助妳更了解孩子何時與為何表現得較躊躇、更固執，或更願意冒險。

精神科醫生瑪格麗特・馬勒（Margaret Mahler）提出一個理論：在五個月大之前，嬰兒與母親處於「共生」階段。出生的頭幾個月，他經驗的自己是和母親一體的，有時甚至認為兩人是同一人。然後，在五到九個月之間，嬰兒進入「差異化」狀態，意識到母親是單獨的人，而且在自己的身體之外還有一個令人興奮的世界。接下來是九到十四個月大的「練習」，那時嬰兒可以爬行，然後走路，並且更有興味的探索外界。

當嬰兒學會如何爬行，然後是從母親身邊走遠，他還會回頭找母親，有時是回頭看著她，保持眼神接觸，讓自己放心，這稱為「復合」行為（rapprochement），其中還包括出發探險之後，不時會回到母親身邊。

有些理論認為，母親處理嬰兒的分離和團聚的方式，會影響嬰兒成年後的依戀形式與認同。心理學家瑪麗．安斯沃思（Mary Ainsworth）提出一個理論：有「安全依戀」的孩子會將母親當做安全的家庭基地，他可以離開母親身邊，因為他相信自己回來時母親依舊在原地。

健康的依戀並不代表親子得在肢體上持續地黏在一起，而是孩子得到愛與照顧而衍生出安全感。因此，如果妳是職業婦女，而且常常離開寶寶，那麼只要有人照顧他，讓他感到有人像妳一樣愛他，就沒有理由懷疑會出現任何依戀問題。即使嬰兒有多個交替照顧者，嬰兒也會形成牢固的依戀關係。如果每個關心他的人都讓他感到安全，他會了解到人際關係是可靠的，值得信賴，給予滋養和支持。

睡眠訓練

隨著嬰兒大腦逐漸成熟，第一年中的睡眠和餵養方式也會出現變化。通常，漸漸地在四到六個月時，讓嬰兒跳過幾小時不進食，並且熟睡整夜已經是安全的了。「睡眠訓練」就跟「親密育兒」一樣，是非正式的術語，具有不同定義，通常意指父母選擇的入睡時間模式，鼓勵寶寶盡可能獨立就寢。睡眠訓練的共同要素包括：固定的就寢時間；在嬰兒還醒著的時候讓他入睡（而不是抱著嬰兒搖晃入睡）；還有「讓他哭」，這通常表示放任寶寶獨自哭泣，不論是就寢時間還是半夜醒來，都讓寶寶自己處理，不要急著抱起來安慰他。

我們認為，與寶寶一起進行睡眠訓練的方式沒有哪種是「正確」的，兒科醫生、育兒專家和父母可能會提出各種不同見解（請見參考資源）。有些人甚至建議妳根本不要嘗試睡眠訓練，而是讓寶寶有機地學習如何睡整夜。

漸進式等待

兒科醫生理查德・法伯（Richard Ferber M.D）撰寫的《法伯睡眠寶典》（Solve Your Child’s Sleep Problems）是最受歡迎的睡眠訓練指南之一。該書中描述的方法（通常稱為「法伯法」），可以在幼兒三到五個月大時實施。父母建立一套舒適且一致的睡前習慣（幾個常見的步驟是洗澡、餵食、搖動和唱歌），然後在嬰兒還醒著的時候放到睡床上。建議父母，即便寶寶哭泣也要讓他獨處，一開始是短時間，然後再拉長。法伯的理論是，這種被稱為「漸進式等待」的技術會告訴寶寶，在夜裡哭泣（嬰兒用來溝通的方式，不是因身體不適而哭泣）對妳無效。理論上，一段時間後寶寶不會再以哭泣要求妳來，並學會自行入睡。

睡眠訓練方法有很多；各有不同的特殊建議，也發展出不少現代修訂版（請見參考資源），因此，請思考哪個最適合寶寶的氣質，也適合妳執行。

如果妳採取「讓他哭」，請與兒科醫生討論是否適合妳家寶寶，以及多大的時候適合執行。晚上聽到寶寶哭泣可能令人沮喪，但是如果按照醫生的指示正確操作，並不會帶來傷害。在夜間訓練寶寶入睡，並不代表妳白天就不能跟寶寶享受所有親密而有趣的活動；不用一直扮演鐵面。

學習自我安撫

大多數父母發現，睡眠訓練需要多試幾次，或至少在嬰兒發育的不同時期進行強化訓練。長牙、旅行、換房間，以及從搖籃換到嬰兒床等，這都是可能導致嬰兒睡眠規律退步的變數。這也表示在寶寶需要另一輪睡眠訓練，才能再次自行入睡。

如果妳想訓練寶寶入睡（或多少享受一點訓練成功的好處），但又擔心寶寶難過而不願執行，妳的兒科醫生或許能告訴妳，如何分辨嬰兒夜裡獨自哭泣跟健康關聯的判讀指標。如果寶寶足夠健康和成熟，而醫生也建議開始訓練，這表示寶寶不僅可以承受自我安撫的學習經驗，也能忍受濕尿布或衣服上少許嘔吐物帶來的輕微不適，如此一來妳在早上發現時再清理就行。

許多兒科醫生不會為單一方式背書，而是建議妳從行為模式著手（也就是某種睡眠訓練），幫助寶寶從四個月大開始發展健康的睡眠模式。這個出發點是基於睡眠對健康至關重要，如果孩子能夠自行入睡，就能得到充分的夜間休息。寶寶還能藉著學習不要求爸媽身體接觸，也能讓自己安定平靜，這項技能稱為「自我安撫」，好處無窮。

把童年焦慮放進教養

自我安撫奠定了安定自己這項能力的基礎，往往能為健康的成人模式打下根基。每個人都不時會碰到某種形式的焦慮和情緒不適。不必求助他人或酒精與食物之類的寄託，便能放鬆心智與身體，這種能力是愈早養成愈好。許多擁護睡眠訓練的專業人員，都是站在長遠角度思考這個問題。

對於睡眠訓練執行困難的爸媽，或許在發展自我安撫上也曾出現問題。很多人都碰過難以入睡的時候，可能是成人失眠問題，也可能是自己童年時怕黑，所以日後把這種焦慮帶進教養孩子的許多決定。我們有個患者非常積極訓練寶寶入睡，但發現女兒的哭聲讓她非常痛苦。她對自己的強烈反應感到困惑，於是約了時間來諮商。療程進行中，她意識到自己把女兒的困擾連結到自己對於就寢的焦慮心情。她說：「每個星期天晚上，我都對上班感到非常煩躁，躺在床上好幾小時睡不著。我對失眠有種恐懼感，而且我發現自己對女兒的入睡問題特別敏感，因為我很擔心自己睡得不夠。」她把這種心情告訴丈夫，丈夫願意接手女兒的睡眠訓練，讓她戴著耳機，聽舒緩的音樂，放心讓他照顧嬰兒，於是她能專心放鬆自己。

另一位來諮商的患者則是出於內疚，因為她對女兒接受睡眠訓練時的哭泣感到非常「淡漠」。她說，女兒在嬰兒床裡哭，她的情緒似乎波瀾不興。後來發現，這源自她的童年創傷。這位病人告訴我們：「成長時，我跟三個弟妹同住一間房，我爸媽也不大理會我們。那時兩個小的，一個是蹣跚學步的幼兒，另一個還是嬰兒，我記得自己躺在床上聽他們哭，兩個愈哭愈大聲。真是難過死了。」那時她不得不封閉自己對弟妹哭聲的情感反應，於是現在聽到自己寶寶的哭聲便觸發了童年回憶，幼時的麻木感受與情感疏離又回到眼前。

後來這位母親並不想花時間接受心理治療探討童年經驗。不過，她聽我們指出，即便她聽到哭聲時無動於衷，但這不影響她對孩子的愛。她可以用其他方式表現情感，同理並回應孩子的感受，而且她與嬰兒之間的健康依戀關係顯然「足以」塑造出滋養情感的環境。她允許自己繼續成為一個需要情緒空間的人，在別人因痛苦而哭泣時她可以放下部分的內疚感。

解題練習

對寶寶進行睡眠訓練感到自責

也許隨著時間過去，妳會發現睡眠訓練不適合妳，並且妳和孩子會以另一種方式來設定入睡時間。或者，等到妳安靜下來，有餘裕思考，妳會覺得寶寶學著睡久一點，對他有好處，於是決定繼續執行這個方法，但同時也要減輕妳的折磨。如果妳有伴侶，請他接手。如果妳獨自一人，那麼也許可以休息一下，安撫寶寶，直到妳覺得平靜為止，提醒自己明天可以再試一次。深呼吸，洗個熱水澡，或做任何事來舒緩神經系統。

提醒自己，妳和寶寶都沒事。眼淚不過是眼淚，不會造成任何永久創傷。提醒自己，以健康適當的間隔，教會寶寶不時自我安撫，同時一整天裡都給寶寶充分的愛和舒適感，這根本不是虐待或忽視。

請記住，這是育兒階段，每個人多少都感到壓力。就算完全不知道哪種方法最適合妳跟家人也沒關係。妳有許多夜晚可以練習，想改變主意或重試也沒關係。此外，這與其他教養的里程碑一樣，我們鼓勵妳放下成功或失敗的角度（尤其是進行睡眠訓練的第一天）。

- 如果妳為自己的無感而內疚

有幾個患者表示，他們要是對睡眠訓練時的寶寶哭聲無動於衷，就覺得十分愧疚。如果妳能忍受寶寶哭泣，那就別緊張。或許妳只是很能接受這種方法，相信這能幫寶寶學著變得更加獨立，而不是傷害他。如果妳能安心睡上一整夜，對大家都有好處。

- 如果妳心疼到無以復加

對某些父母來說，夜裡放任寶寶哭泣卻袖手不管，會勾起他們人生其他時刻經歷過的分離、失去或創傷等焦慮。如果妳在訓練寶寶的過程中感到心跳加速、恐懼，還有怒火上升，可能得放慢速度或改變方法。每日記錄或陳述這些經驗帶來的感受，或許能將寶寶哭聲勾起的內在創傷具象化。

- 如果妳依舊覺得不安

要是妳無法讓自己心平氣和，擔心自己對寶寶生出憤怒和挫敗的情緒，或只是希望獲得更多支持，我們建議妳致電兒科醫生或心理諮商師，好好討論這一切經過。

妳訓練寶寶入睡的方式，要依照他的氣質、妳的個性，還有個人教養觀念。我們有許多患者一開始選了某個訓練方式，後來都換了策略，可能是因為最初的想法與嬰兒的氣質不符，或者是因為父母自己情感上過不去。此外，妳自己的個人生活狀況或時間表可能會告訴妳最合適的方法是什麼。有許多晚上輪班或需要去外地工作的患者，很喜歡藉著餵寶寶或擁抱來享受夜間持續的連結，因此他們依照自己的偏好訓練（或不訓練）寶寶睡眠。

副食品大探險

妳才剛覺得自己對餵母奶或配方奶逐漸得心應手，結果餵固體食品的階段就到了。ＡＡＰ建議，寶寶六個月大以前只餵母乳或配方奶，但也有些父母提早開始餵固體食物。無論何時發生，這都可能是令人興奮且焦慮的「第一次」。

父母可能滿喜歡看著孩子享受新食物的反應：指縫擠出酪梨泥，舌尖感受芒果酸香。但是，除了這種開心之情，也自然會想到孩子可能會嗆到窒息或產生過敏。妳可能會擔心寶寶喜歡甜食，不愛蔬菜，這可能養成終生的壞習慣。有些嬰兒在某段時間裡拒絕進食，或只願自己拿著吃，否則拒食，這是個緩慢而混亂的過程，為育兒增添新壓力。

嬰兒能自己完成的事情很少，特別是在發育早期，但自行進食是其一。寶寶愈將進食和紀律與控制的角力連結在一起，他與食物的關係就愈容易成為一種權力上的溝通的手段。飲食行為的改變通常與食物無關，僅僅是寶寶學習的方式之一。從發育上講，如果寶寶對進食（暫時）出現特殊堅持，可能是好事，因為這顯示出對獨立和自主的健康探索。我們鼓勵妳順著寶寶的意志，放手讓他實驗，甚至鼓勵他自己餵自己，他很可能就這樣回到正常的飲食模式。

進食就跟所有育兒問題一樣，如果不確定如何處理飲食行為的某些變化，第一要問的是兒科醫生。如果寶寶的發育沒有問題，很多兒科醫生會建議父母讓孩子決定，不必積極干預。健康的嬰兒通常餓了就會吃，對成長的需求較低時則會放慢速度。許多醫生建議，只要孩子健康，就別過度費力改變他自己的飲食模式。

小孩本來就會發展出對特定食物的偏好。如果妳有給孩子健康的飲食選項，他就會找到他喜歡又有營養價值的食物。現在在兒童心理學的想法是只要孩子是健康的，妳不需要太硬強迫他改變他獨特的飲食偏好。

反思自己的飲食習慣

當寶寶探索他與食物的關係時，他同時會感受到妳的影響。妳成為父母時，已經擁有自己的飲食關係。妳對嬰兒吃什麼和吃多少的感受，取決於妳自己的飲食歷程。妳的父母會對妳施壓，堅持要妳吃光盤子裡的東西嗎？母親是否總是擔心發胖，如果妳盛了第二碗就會罵妳？

寶寶天生不具備飲食的相關規定或概念，只受到本能和欲望的引導。要意識哪些習慣、信仰和價值是妳想要或不想要傳遞給寶寶的。要做到以上這件事，最好的方法是了解自己的議題。

妳害怕的食物是因為妳認為它們「不好」，還是因為妳一吃就停不下來？當妳「犯錯」時，妳會計算卡路里並責怪自己嗎？請注意妳對寶寶探索食物的情感回應，不要馬上做出反應（責備寶寶弄得亂七八糟，浪費食物，或拒絕給她第二份），記下妳的反應，事後反省。妳無法阻止自己的感受，但是可以避免把自己的心病傳給寶寶。

有位患者告訴我們：「我一直為自己的體重苦苦掙扎，我希望女兒喜歡自己的身體，好好享受食物。但她開始吃固體食物時，我發現自己強迫她吃蔬菜和蛋白質，如果她一直想要水果或加工泡芙，我就覺得自己失敗了。我的朋友點出，讓她探索不會造成任何不健康的模式，但是規定太嚴格可能造成反效果，因為妳禁止食用某些東西，反而讓孩子覺得它們很特別。」

我們對食物的情感模式如此根深柢固，很多人習而不察，更不用說避免影響到孩子了。如果妳對食物的焦慮影響到妳的直覺，於是再也很難相信自己，請查閱本章的參考文獻，了解早期餵養的不同專業角度。

百感交集的斷奶

從母乳到配方奶，或者從母乳到固體食品，所有嬰兒最終都必須斷奶，這可能讓妳百感交集。停止餵母乳會觸發體內化學變化：催產素和催乳素水平下降，如果還沒有月經，則經期會恢復。這些改變都可能影響情緒（尤其是如果妳在產後或經期前後對荷爾蒙變化本來就十分易感）。

有些女性覺得斷奶是個解脫，身體總算又屬於自己了。出門在外也不必依循固定的時間表或嚴謹的擠奶時段，更不用帶著擠乳器。但有些因為餵母奶而忍受身體不適或情緒緊繃的患者告訴我們，不再餵母乳會在她們心中生出批判，或是因決定斷奶感到內疚，像是把自己的需求放在寶寶的需求之上。有位患者擔心，如果停餵母奶，她對自己照顧女兒的角色也失去自信：「我先生跟婆婆都會跟她玩，讓她洗澡時咯咯大笑。他們很會餵她固體食物。我是唯一能餵她母奶，給她安撫的人。斷奶後我還能給她什麼不一樣的呢？」

從親餵轉成瓶餵後，看到寶寶不論進食、安全感，和體重增加都十分正常，妳的內疚感通常會減弱。而且，斷奶不會損害寶寶對妳的依戀。妳過去在母乳餵養上投注的連結，現在會轉移到其他活動。斷奶可能提升妳的精力——體力消耗較少，妳可能會發現自己對寶寶更有耐心，更有心情陪他玩。

如果妳喜歡餵母奶，但基於醫療因素，或是要回去工作，或因為奶量不足，也或許妳只是得晚上多睡點而白天保持機動性，於是不得不斷奶，那麼妳可能會因此感到悲傷。有些女性對我們哭訴，有時她們沒發現這些細緻的情緒變化與斷奶有關；有些人明白情緒變化與斷奶的關聯，但也說不出為什麼難過。正如某位患者所述：「我只是因為他不再是嬰兒而感到激動。他穿不下那些可愛的新生兒衣物了。而我們少了哺乳期間那種連結。我跟他共有的片刻再也不會回來了。」

斷奶的經歷也象徵了未來各種分離的開始。生產是嬰兒與母親身體的第一次分離；不再從乳房餵食可能被視為第二次分離。這些感性、苦樂交織的情緒很難定義，因為這往往抽象，有象徵意味，主要來自對生命遞嬗的感慨。當然，所有父母都希望孩子健康成長。但是，隨著每個里程碑到來，孩子的成長又跨出一步，對妳的需要又再度減輕。在寶寶第一次爬行，然後學步之後，他開始不再那麼依賴妳。訓練大小便後，他也不再需要妳來換尿布。因為孩子成長並邁出各種象徵性步伐而覺得感傷，這很自然，因為這代表了光陰一去不復返。

一孕傻三年？

許多女性覺得懷孕和早期育兒影響到腦子運作。寶寶出生後頭幾個月，妳可能覺得思考混沌而且慢半拍，好像除了跟寶寶有關的事，講到別的妳就失去清晰思考的能力，找不太到恰當的用字。妳哄寶寶入睡，沒拿下眼鏡就開始淋浴。妳總算挪出時間打電話給某個好友，但講話有一搭沒一搭，用字跟不上自己的思緒。

儘管「媽媽腦」（mommy brain）聽起來像是厭女迷思，但這未必是缺陷，而是身體、大腦和生活發生一系列變化的結果。生活中發生如此多轉變，大腦自然得適應。

寶寶的成長，出生，甚至哺育和教養對女性大腦產生的影響，科學研究方面還有很長一段路，但研究顯示，這種生物影響確有其事。無論是睡眠不足還是荷爾蒙所引起，有些孕婦和新手媽媽在用字遣詞之類的細節記憶會稍微吃力。但若說懷孕或當媽媽會讓人變笨，並沒有令人信服的科學證據。

或許，這部分的記憶減退，是為了補強其他方面的能力。有些研究甚至指出，懷孕會促使涉及社會認知或同理心的大腦區域變化。有個理論認為，這些變化可能具有進化的好處，能加強母親與嬰兒的交流，從而幫助母親透過寶寶的臉部表情和哭泣來掌握嬰兒的非語言溝通。

在一九五〇年代，距離科學家使用功能性神經成像研究大腦活動變化還有幾十年，提出「媽媽夠好就可以」的兒科醫生和精神病學家唐諾．溫尼考特發表了一篇論文〈原發的母性關注〉。他在文中描述了照顧寶寶這樣無助而必須依賴他人的新生命，需要強大的心理素質。

我們的專注力，不論是情感還是認知方面，很難同時給寶寶還要給自己。許多患者告訴我們，當他們將注意力從寶寶身上轉移到自己與別的事物，心中會感到內疚。正如某位患者所描述的：「這就像我從來不專注在單一事物，從來沒有全神傾聽或處在當下。當我坐在辦公桌前，我想的是寶寶的晚餐，當我跟她坐在遊戲墊上，同時還思考工作上的報告投影片。我覺得自己真糟糕，因為我必須做更多事，又沒一件做好。」其實，她工作出色，也是一位好媽媽。但就像許多新手媽媽，這些多工處理的新要求造成她的自我懷疑。

深層的身心變化

許多新手媽媽說，她們覺得自己永遠神思不屬。這反應我們聽得多了，因此我們給這種經歷命名為「心神分散」。這是懷孕和新手媽媽特有的狀態。某種程度上，這是妳經歷了孕育、生產，及照顧新生命的艱巨任務與過程，投注精力與時間，而產生了深層的身心變化的結果。妳必須過好自己的生活，同時照顧另外一個人，於是妳的心神本來就得分散。

解釋這種現象的最好方式，也許是將心智視為高速公路。想像獨自駕車行經單線道，妳必須保持限速，注意交通標誌，確保安全駕駛。路旁有方向指示牌來幫助妳辨認方向，但有時妳可以開導航，妳的注意力必須放在前方。

當妳的生活中出現伴侶，兩人相處的需求使妳開上雙線道的高速公路。一條是妳的生活，另一條是伴侶的生活。道路兩側都有路標，帶領妳們前往不同的方向。妳做的決定（大自搬家還是小到待會吃什麼）現在都要與另一人討論或協調，所以現在開車需要更多的認知和情感上的努力。

一旦妳懷孕了，等於是開上起碼三線道的高速公路。妳要處理跟醫生約診，不斷變化的身體需求，還有興奮與擔憂的新感受。妳還得處理自己的想法和矛盾，例如「我只想小睡一會兒，但我也想跟朋友吃早午餐」。

寶寶呱呱落地，他一天二十四小時的需求必須得到二十四小時的關注。妳和他坐在遊戲墊上，妳的思考可能會被拉往其他問題（「家裡有足夠的尿布嗎？」），還有妳自己的需求（「今天來沖個澡也不錯」），再加上妳還有別的責任和關係（「我真的該回電郵了」）。許多母親告訴我們，即使有伴侶或別人照顧寶寶，她們自己回應寶寶需求的心理「通道」仍然暢行無阻。正如有位患者所描述的，「即使我在工作，一部分的我也在思考：他現在還好嗎？我仍然可以勝任，但現在好像我有兩個工作。上班時我會很想他；回到家時，我發現自己還在思考工作，而且想回到這個讓人興奮的案子。我想去參加朋友的單身派對，但是整晚我都在看寶寶的照片。我簡直一塌糊塗。」

另一種思考媽媽腦的方法是，這有點像時差。睡眠不足是關鍵。妳是否曾跨時區旅行，回國後隔天就打算上班？通常情況不會太順利。想跟同年齡的人出門，還是待在家裡陪寶寶，這就像情感和行為在兩個不同世界旅行。睡眠干擾（睡眠不足，環境太亮，以及何時能睡），休閒娛樂減少，吃飯不定時，這本身就打亂人的規律，此外甚至還要考慮到妳的一切新責任以及荷爾蒙和情緒變化。

雖說如此，「孕傻」並非放諸四海皆準。每個女人的月經或懷孕經歷都不同，當然也沒有任何規則可以含括每個女人的大腦和情緒對荷爾蒙與生活變化的反應。個性、生活方式、個人需求和家庭結構不同的母親，也會經驗不同的適應方式。我們認為，考慮到荷爾蒙變化以及相關行為和情感變化，妊娠和育兒期間的大腦變化還需要進行更多的研究。

回職場還是待在家？

多數新手媽媽告訴我們，初為人母的過程還關係到職場身分的改變。不幸的是，這轉變並不容易。表面上，工作和母職的文化對話持續推進，但坦白講，尤其是在美國，仍然一團糟，托育費用過高和職場傳統都等於是處罰當母親的工作者，成為升職的阻礙。美國社會始終跟不上在職父母的托兒要求，於是家庭不得不自行調適財務、托兒選擇和理念，以及伴侶分工的棘手問題。

多數女性無法辭掉工作，必須出門賺錢，特別是單親媽媽。但有些女性算算托育費用與薪水，認為自己的工作無論有形或無形的價值都不值得繼續，因此可能選擇當全職媽媽（Stay at Home Mom，SAHM）。有些父母決定回歸家庭，是因為他們發現育兒工作比過去的職業更有意義，或是非常認同在家育兒的個人價值。當然，還有許多不同例子，包括父母在家工作賺錢，兼職工作，以及不得不待在家裡，因為他們需要賺錢卻找不到合適的工作。

除了財務問題之外，我們建議妳思考工作如何影響妳的自我認同：工作有多吸引妳？妳在家中感覺比較自在，還是妳只要出了家門，不光是工作，包括上下班途中以及相關的日常活動，跟成年人交流的這些過程，都為妳注入活力？如果妳正在考慮辭職，我們建議妳想想這種變化會如何影響妳的自我定義、生產力、獨立性和社區意識。

有些女性告訴我們，這些問題讓她們無所適從，因為在二十幾到三十幾歲時（一般人在此時生養孩子），她們仍在摸索自己的職業認同。她們可能知道自己想當媽媽，但可能還沒找到理想的工作，很難思考工作因素會如何融入自我意識。當妳生活的某些部分仍在形塑變化，此時要協調這些選項難免造成混淆。

我們鼓勵妳從自己的需求而非恐懼來思考有關工作和母職的決定。請記住，妳可以改變心意，生活的過渡期很容易出現矛盾情緒，新手媽媽當然也不例外。

很多患者告訴我們，就算事前做了計畫，依舊很難預測當全職媽媽或回去上班的感覺。妳沒試過，絕不知道自己能否一星期七天全天照顧嬰兒，也不知道離開寶寶去上班會有什麼感受。我們知道留在家裡的媽媽不僅會失去收入，還會錯過辦公室工作的日常、刺激，與成人交流。我們也知道有些「職業婦女」對自己決定休長假或完全辭職的決定感到驚訝。我們也聽說，有些無法決定是否全職帶小孩的女性，發現當媽媽後職場發展更好，或是當媽媽後工作上更有效率，人際溝通也更有技巧了。有位患者決定縮短產假，提早回去工作，她分享了這個故事：「當媽媽有個不為人知的小祕密：有時回去上班感覺更順手了。即使妳一天要做的事更多，但對我來說，實際上感覺有更多的時間能完成工作。回到家時，我總覺得自己與孩子們的情感連結更緊密，因為我很想他們，而不是覺得受夠了。工作流程為生活裡每件事帶來秩序和可預測性——在家裡要控制時間安排可難多了。」

另一位全職媽媽患者告訴我們：「我的工作沒有給我帶薪產假，而且我家人住得很遠，我們也沒錢請人帶小孩，所以我不得不辭職在家。老實說，我認為別無選擇還比較好，有選擇餘地的話我很難做出判斷。我試著把它看成祝福。的確如此，我喜歡每天與寶寶一起度過，也認識了附近的媽媽們，這些媽媽現在是我最好的朋友。就像同事一樣──我們碰面，互相提供建議，換穿舊衣。這太好了。」

兼顧工作與家庭

很多女性思考當全職母親還是回去上班時，比較擔心外界壓力，自己快樂與否或心理因素反而較少考慮。打算留在家裡帶小孩的，可能會擔心別人（甚至是其他媽媽）認為自己「放棄」工作，就此「言語無味」，「只是個媽媽」，或「不夠堅強」無法身兼多職。如果妳回到工作崗位，可能擔心別人認為妳重視工作更甚於家庭，不像全職媽媽那麼願意每天投注所有精力照顧孩子健康。

妳母親和其他家人過去的選擇可能會給妳壓力：「她後悔放棄工作，所以我不能這樣做」，或者「我討厭放學時她還沒下班，所以我要辭職。」重點是要記住，無論妳對母親的選擇有多不悅，無論妳倆有多少共同點，妳們不是同一世代，是兩個不同的人。當心做出反射式決定，妳要根據對自己適用或不適合的模式及情況，而非依照母親當時的狀況做決定。

如果妳的母親或其他家庭成員對妳的安排有意見，讓妳十分為難，我們鼓勵妳跟伴侶和好友討論妳的情況。有位患者分享了這個故事：「我回去上班，婆婆意見很多，她非常擅長間接式攻擊。有天我終於失去耐性，她說：『妳知道去日託的孩子會怎樣嗎？』我回答：『知道啊，他們就跟媽媽在家陪一樣的開心，可能還更開心一點，因為每個人都能喘一口氣！』」

雖然這位患者知道自己的想法正確，但對於自己讓挫敗感累積，最終與婆婆發生衝突，她感到遺憾。等到她處理好自己因工作而錯過與孩子相處的矛盾情緒，她就能夠與丈夫坦誠討論婆婆給自己的感受。這並不一定會改變婆婆，但有助於讓她得到更多丈夫的支持。

休產假後重返工作崗位，在理性和感性兩方面都不容易。妳可能摩拳擦掌準備回去上班，但想到要離開寶寶又捨不得。辦公桌上和電子信箱裡可能已堆積如山，同事在妳缺席這段期間毫無影響地繼續日常，妳可能會覺得又累又失望。休假一陣子可能帶給妳新的工作動力，卻也擔心跟不上同事。安頓好整天的工作之後，妳回家跟寶寶重新建立幾小時的連結，感覺還不錯，但又發現擺盪在這兩種模式與分離，讓妳身心疲累。

有位患者說，重返工作最困難的部分，是工作與家庭之間的過渡讓她煩躁：「回去上班的最初幾週很辛苦，但不是我以為的狀況。想念孩子這部分還好，白天我也不擔心他。但是回到家之後，我不知道自己在做什麼。我覺得像是保母，而不是媽媽，這讓我有些怨恨——我討厭必須離家工作，也生寶寶的氣，因為他變成我不懂得怎麼照顧的生物了。」

自覺無能的部分原因，是她進入了「另一種工作模式」，另外也因為她覺得自己不清楚寶寶白天做些什麼，所以晚上不知如何接手照顧。她意識到，上班跟在家兩種角色的確有距離，但可以用充分的資訊來彌補。她白天請保母多回報兒子的狀況，下班回家後再問清楚些。（她也跟保母解釋了需要這些額外訊息的理由，並不是要干涉她。）「我列出了幾點我想知道的狀況，例如他們離開家有多久，他在遊戲間裡爬了多長時間，他白天有沒有發脾氣或玩太累之類的小事，那麼我晚上回家就更能掌握他行為背後的原因。」不論這些訊息能不能如她所願地正確解讀寶寶行為，這位媽媽仍然認為，了解兒子的生活細節能讓她晚上接手照顧時更相信自己的直覺。

重返工作崗位

許多母親告訴我們，她們回去上班的幾週內，焦慮達到高點（其實，這是最常有婦女打電話跟我們求助的時期之一）。即使妳知道寶寶得到值得信賴的照護，但與寶寶真正分開，很可能觸發進化的內建警報，需要一些時間才能平息。

如果妳擔心寶寶少了妳就長不好，其實等到妳適應新的生活流程，看到妳跟寶寶都適應不錯，有時可能還更好些，那麼妳就會放心了。但不論妳是因為離開寶寶而焦慮，或是為了重新適應上班而緊張，這段過渡期可能都不輕鬆。

如果可能，我們建議妳放慢回歸工作的步調，這有助於處理紛陳的情緒，以稍緩的速度建立新的流程。至少，回去上班那天選在星期三或星期四，縮短第一週的時間；可以問問減少工作天數或暫時兼職的可行性。問問公司是否可以在家上班。而且，如果公司對於產假後回去上班的媽媽，沒有提供上述工作方式的選擇，也可以試著提出要求。

如果回去上班的過程可以放慢，那也能幫寶寶輕鬆適應托育，或請保母或奶媽先從兼職開始。妳可以留出更多時間來規劃、休息，和處理職業婦女要面對的新的通勤、擠奶時間和適應新生活。這是很大的調整。

依據工作性質不同，妳可能已經在工作和家庭生活之間建立明確界限。但如果妳習慣一天二十四小時，一週七天待命，那可能需要溝通新的下班時間，或是碰到緊急狀況要如何找到妳，並說明下班之後的回覆可能延遲。

當妳重返工作崗位，同事和老闆可能會熱情歡迎妳，或者妳有可能感覺到敵意的暗流，因為他們認為妳在「休息」而把工作丟出來給大家承擔。關於對父母更友善的工作文化，我們的社會還需要努力，這毋庸贅述。我們建議讀者參考書後的資料和文獻，這有助了解自己的權益並為自己辯護。

解題練習

回職場的矛盾情緒

正如我們針對為人母期的其他面向所說的，沒有正確答案，關於工作／生活平衡所帶來的挑戰矛盾也是如此。面對這些決定時，很多人容易過度簡化選項，因為這能給妳一種做了「正確」選擇的釋然與安心，即便只是隨便二選一的方式。但當這些決定中的多數都落入灰色地帶，自然勾起人們矛盾的情緒，這也可能使妳心中沉甸甸的，擔心做出「錯誤」選擇。

下面幾個例子告訴妳，如何重新架構非黑即白的思考方式，解決回去職場的難題：

- 非黑即白：「回去工作不值得，因為我會錯過寶寶的第一步。」
  彈性思考：「當然，如果我在上班，或在浴室裡，而嬰兒正在他的遊戲圍欄裡探索，我很可能會錯過寶寶的某些里程碑。如果我天天跟他在一起，總會看到他對很多事情跨出的第一步。我真的必須在重返職場跟慶祝寶寶成長發育之間做出選擇嗎？或者這個對比看起來沒那麼嚴重？」
- 非黑即白：「我今天上班遲到了，因為我想花多點時間為寶寶弄吃的，結果忘了重要的早會。我要被炒魷魚了。」

彈性思考：「沒錯，今天早上搞砸了。但我以前也錯過一次會議。我該做的是寄一封電郵，解釋並且道歉，警惕自己不要再犯，大家會原諒甚至忘記。我以前不是完美員工，也不必對自己如此苛刻。如果辦公室有狀況，大家都會聽說，所以，如果我遇到麻煩，我會知道，而且能夠扭轉情勢。」

- 非黑即白：「我老闆沒有小孩，她不會懂的。」

彈性思考：「事實是，我和老闆未必對每件事看法相同。就算她有孩子，也不太可能用我的方式來平衡工作與生活。我需要與她保持明確的溝通，講清楚我的工作安排如何因應育兒來調整，就像我處理其他事情一樣。如果我能解釋我的邏輯架構以及如何完成工作，她其實相當通情達理。」

妳會注意到，現在妳也發現到了，這些例子裡的彈性思考要比非黑即白還要長。這是自然的，非黑即白的思考是簡化而且二元性的。彈性思考則需要多點時間來整理與表達，也因此需要有意識的練習。

上班擠奶

如果妳正在餵母奶，又要回到工作崗位，妳得決定是否要用擠奶的方式。有些母親說，即使她們不喜歡擠母奶的生理感受跟各種準備工作，但這能幫助她們在情感上連結寶寶，尤其是剛開始跟寶寶分開。有位患者說：「雖然我無法跟他在一起，也有我的奶陪著他。」

但是，即使在倡導職場平權的時代，尋找合適場所讓母親擠奶也是個挑戰。儘管美國法律要求企業給哺乳母親休息時間與空間，方便她們擠奶，而且自產後可長達一年，但現實往往不如人意。有些女性告訴我們，她們曾在廁所隔間或工具間擠奶，也在辦公室裡擠奶，還有人沒敲門就闖進來。她們要求更改會議時間，還遭人白眼。

如果妳的工作場所沒有關於擠母乳的規定，請與老闆和人資聯繫。工作場所中還有其他擠母奶的同事嗎？妳們可以一起跟主管談談。

潔西卡．沙托爾（Jessica Shortall）在著作《上班、擠奶、再來一次》（*Work, Pump, Repeat*）提出了積極主動的態度：「我從管理階層和人力資源那裡聽到的最重要一點是，他們希望看到女性員工提出擠奶計畫，最好是在寶寶出生之前……他們想要看到員工盡力釐清自己的需求，以及如何與工作相互配合。」令人沮喪的是，在這個問題上，母親通常要替自己爭取。

有位患者描述了她對邊上班邊擠奶的態度居然出乎意料地強硬：「我很詫異自己來自母性的鬥志完全升高。我變得非常積極，如果我發現同事對擠奶空間或時間安排有任何猶豫或懷疑，我會很直白：『如果妳希望女性在這裡或任何職場做得出色，那麼這個問題就必須解決。』」

擠母奶不僅影響妳一天的工作架構，還包括妳在家的時間結構，尤其是夜裡。在睡前安排一次擠奶時段可能不錯，但也很累。如果擠母奶的成本（包括金錢、身體和心理）過高，妳得花點時間來思考擠母奶相關的正面與負面情緒。如果妳因為認為自己「應該」擠母奶，那麼或許是妳的內疚而非寶寶需求主導了這件事。如果妳認為不餵母奶等於剝奪了寶寶的權利，請記住配方奶也不錯。我們同意沙托爾的觀點：「身為母親的價值不是用盎司來衡量。」

最好的托育在哪裡？

無論妳選擇哪種工作環境，妳和伴侶（無論妳如何分配育兒方式）都會需要某種形式的托育。無論妳選擇托育機構或在宅／到宅保母，還是請家人幫忙，孩子都會花很多時間跟妳以外的人相處。

每種托育經濟、後勤和心理學方面各有優缺點。從心理健康的角度來說，我們不認為有哪種選擇一定是最好的。這就像與孩子相關的任何決定一樣，我們建議妳多比較，相信自己直覺能選出誰最適合與孩子待在一起。

也就是說，要是選擇不同的托育照護讓妳思考到各種狀況的安全性，並生出可怕的想像與恐懼，那麼這種思考主要反映出妳更大的焦慮，而不是精確評估任何特定照護方式的實際風險。請記住，有關托育人員的可怕驚悚故事，就跟飛機失事統計一樣，實際發生機率很低。

把照顧寶寶的工作交託給他人，即便照護者是摯愛的親人，媽媽都會感到焦慮，這很正常，因為這等於是失去了對稚嫩寶寶的掌控，無法左右他的日常生活是否舒適規律以及心情是好是壞。

家人的援手

妳對家人的態度應該和雇用照護者的態度一樣清楚明確——甚至要更清楚，特別是如果家人最近沒有帶小孩的經驗。包括生活秩序，大方向與小細節，像是餵養、哄睡、洗澡、穿衣以及3C使用時間和基本安全規則之類的常規。

有位患者分享了她母親的故事，她媽媽是個充滿愛心，非常願意幫忙的外婆，主動提出可以下午照顧嬰兒。她說：「我媽真的很負責，很會帶孩子，我以為把兒子放到她家，然後我出門赴約時，我媽會像老鷹一樣盯著他，因為小孩會到處爬，而我媽的房子沒有任何嬰兒防護裝置。結果我辦完事回去，發現她只是讓小孩在客廳裡亂爬，旁邊還有電線，我簡直不敢相信，就對她大小聲，後來自己也非常過意不去。我想她只是沒想到亂爬的寶寶是怎麼一回事，插座就像磁鐵一樣會把他們吸過去。」儘管沒出意外，但這位患者意識到，她忽略了強調安全性的問題，若是陌生人她絕對會講清楚。

有時，親戚的好意會使事情更複雜，給妳帶來更多麻煩以及痛苦的衝突。有位患者說：「這很難，因為我媽過世了，我爸當上外公，於是來幫忙，但他沒當過媽媽，所以他幫不了太多。我在做晚飯時我爸會看著嬰兒，然後跑來告訴我『他哭了』，而不是抱起寶寶照顧他。所以我真的頭痛心煩的時候絕不會請他看顧寶寶，因為這太令人沮喪。妳不能給家人派發他們不擅長或沒興趣的工作，不然就別抱任何期望。」

有些親戚會主動幫忙，然而妳根本希望他們別插手。也許妳姑姑願意幫忙帶小孩，但她是個菸槍，妳並不希望她在家裡吸菸。妳和丈夫出門喝喜酒時，妳姐姐自告奮勇帶寶寶過夜，但是她讓孩子用安撫奶嘴睡覺，而妳一直努力幫兒子戒掉這個習慣。

說清楚自己的期望，在家人關係中劃出界線，這可不容易，但實屬必要。我們的建議是，堅持權威（即使家人情感上還不能適應，但當媽媽的是妳）和尊重家人之間，要小心拿捏。尤其家人若是主動幫忙，妳就比較難掌控他們做的每件事。思考一下哪些差異跟妳的養育方式相比無傷大雅，哪些又絕不能接受。如果妳覺得教養方法的歧異令人難以忍受，說出來也無濟於事，那就得研究其他選擇。對某些家庭來說，聘請專業育兒人員可以獲得專業關係和專業服務，絕對值得。

專業托育服務

即便妳選擇專業托兒服務，仍然需要做不少決定。日托的價格大都比一對一的保母服務更便宜，而且配有多位保母的團體環境可以給孩子更多社交刺激。照護圈擴大，資源也更多，許多日托提供富有創意和教育性的活動，一天日程的規畫也算清楚有架構。

如果經濟上負擔得起，聘請一對一育兒專家或保母到府照顧孩子，更具備靈活度和便利性。然而有些母親擔心，嬰兒對保母的依戀會干擾或取代嬰兒對母親的情感。

當然孩子會變得非常依戀照護者，但身為心理學家，我們向妳保證，母親是無法替代的。研究顯示，孩子會同時依戀自己的照護者和父母，跟照護者的緊密連結只會強化嬰兒對母親的健康依戀，因為不論誰在家，他都感到被愛、安全和被保護。換句話說，嬰兒有足夠的愛可四處探索，而數據表明，不管照顧者有多少個，孩子從他們那兒獲得的愛總是愈多愈好。

如果妳選擇在宅／到宅保母，那麼妳選擇的可能是更親密的育兒關係。重點是思考這種親密關係是否適合妳，因為保母可能會成為家庭中不可或缺的核心。這跟任何重要關係一樣，最成功的育兒夥伴關係，來自良好的溝通和相互尊重。這需要妳保持覺察、信任與敞開心胸。

如果妳不能直白溝通，大家都無所適從。很多例子是保母因雇主的消極攻擊行為而請辭，或是保母因某些事自己生悶氣，沒溝通就走人。如果妳的保母擔心妳吹毛求疵而不是指令清楚願意溝通，那麼她可能省略很多重要訊息不說，像是寶寶的行為及她的工作日程。而且，如果妳不敢要求她照妳的方式做事，寶寶就不會得到妳想要的照顧。如果妳省去這些（有點）困難的對話，那麼妳必須弄清楚自己到底害怕什麼樣的衝突。

解題練習

和寶寶的照護者維持健康關係

- 評估自己的情緒包袱

什麼狀況會給妳壓力？公司規定不夠人性？伴侶沒有分攤更多家庭開銷？請跟伴侶、朋友或信任的任何人談談。如果可以，請試著從根本解決這些問題（與老闆談談妳的工作時間安排，跟伴侶討論家庭收入和預算，跟父母談談妳的童年經歷；或是找朋友或治療師來討論這些狀況）。思考自己真正感到不快的事，或許能防止妳將這些感覺投射到照護者身上。

- 盡量公平
妳跟照護者都要清楚溝通自己的期望。遵守雙方的書面合約。請向「全國家政工作者聯盟」（National Domestic Workers Alliance）等團體查詢雇主倫理指南。妳和保母之間愈能互信與尊重，就愈能合作照顧孩子。

- 溝通要直接並開放
建立一個讓照護者能跟妳自在交談的環境。而且，妳要能夠輕鬆討論自己的要求，包括請照護者調整育兒方式，跟妳的教養模式必須一致。照護者有育兒問題，或想改變工作安排，也要能向妳提出。

- 合力把孩子擺在第一位
把保母當成合作夥伴。請保母白天要拍下孩子，把照片或影片寄給妳。如果妳考慮嘗試新的餵食方式，改變睡眠或行為時，要告知保母，充分溝通妳的思路與邏輯，讓保母信服並照做。如果妳發現保母抗拒妳的要求，要問清楚，或許能從保母的教養方式看到妳沒考慮過的面向，或從保母的文化或家庭教養中學到一些東西，這能幫助妳了解他們的觀點。以尊重的態度解釋妳的不同風格，不管妳是只有一個或好幾個保母，還是交給日托，都能用這個辦法。我們知道這並不簡單，但用心總是值得的。

媽媽戰爭

當妳成為媽媽之後，日常生活的部分注意力難免會從大人轉移到孩子。即便妳嘗試重新融入社交，帶嬰兒的日常可能難以預料，而且大家好意不來打擾妳，所以妳跟朋友見面的機會可能又更少了。

如果朋友正好也有寶寶，妳可能會發現跟媽媽朋友在一起的時間多過其他朋友，只因為妳們正好在同樣的人生階段，關注的事情類似。對某些母親而言，在寶寶幼年期遇到的其他父母朋友，這情誼最終會持續一生，他們分享育兒的樂趣和憂慮，互相支持，一起在遊戲場館或遊樂園席地而坐，成為彼此的同齡陪伴。

新手媽媽時期，可能是個獨自面對而壓力山大的時期，妳可能沒有時間精力，沒興致也沒辦法跟沒有孩子或孩子已經大了的朋友約會與聯絡感情。有些朋友會比別的朋友更有耐心，也更能理解妳的狀況。朋友沒找妳可能因為對嬰兒缺乏興趣，或跟妳的新日程湊不起來。而孩子年齡較大的朋友，不孕的朋友，或想要懷孕的朋友，可能因為個人情感因素而避開妳。

因此妳當然會覺得受傷，不再跟她們來往，這可以理解，但另一種方法是像這些朋友一樣，先等等。她們可能需要一些時間消化，才能重新看到妳跟以往一樣沒變，只是聚會模式地點不同了。也許等到她們與妳的寶寶逐漸熟悉，就可以更專心當「阿姨」，暫時放下自己沒有孩子的不快。如果妳可以也願意堅持，請繼續聯絡她們，讓她們有機會跟妳重聚。

然而，有時候友誼無法修補。人與人一旦分歧，身體與情感上的疏離會逐漸擴大。如果情況如此，妳可以為失去重要的人而悲傷。妳可能還會發現，在這種狀況起碼會延續幾年的期間，妳會被不同的人所吸引。隨著妳的身分擴展與變化，朋友關係也會跟著妳持續演變。

我們有位患者發現，她跟其他爸媽聊天的興趣，是看寶寶發展階段而定：「一切進展順利時，我喜歡跟其他媽媽分享祕訣。但是，一旦開始睡眠訓練，我就無法忍受任何人給我建議。我的好朋友花短短三個晚上就訓練好寶寶了，但我女兒難搞得多。突然，當我見到朋友時，我想聊的就是寶寶以外的任何事情。幸好我能告訴她說：『現在真的很難搞，我只想談點別的！』」

建立支持團隊

競爭這種緊張關係，常見於新手媽媽之間。有些人就是有意無意間，會把對話導向證明自己的例子最模範或是最淒慘。也許妳說到自己不知為何總是很累，而妳朋友則抱怨她工作上完成多少（了不起的）案子，社交生活排得多滿都推不掉，害她缺乏睡眠的狀況更嚴重了，於是妳覺得自己的困擾似乎微不足道。

這些愛比較的朋友未必是要貶低妳，她們只是試圖維持自我感覺良好。教養這回事的確沒有「正確」答案，這使得大家都不確定自己做得對不對。批評別人很容易——只要妳想捍衛自己「正確的選擇」，或者想減輕自己的恐懼，或者不與他人分享來避免焦慮。有位患者說：「我是完美主義者，所以我花了很長時間才相信，根本沒有最好的方式來處理我家寶寶（或說所有寶寶）的任何問題。當我意識到，不管做了什麼，有些事情總會進展順利，有些事情就是會變得一團糟，我整個人就放鬆下來了，但如果妳基本上有留心，其實寶寶不會出大問題。」

也許妳餵母奶已經有好幾週不太順利，就算試了各種干預措施也無效，結果朋友覺得妳小題大做，說妳「放鬆就好啦」。有患者告訴我們，身為緊張的新手媽媽，「放鬆就好」是最無用的建議。即便妳知道別人只是想要妳放鬆，而妳也放鬆但卻只覺得焦慮緊繃，「放鬆就好啦」聽起來根本沒用而且令人沮喪。此外，別人說「放鬆就好」，感覺像是高壓命令，實際上卻阻礙妳放下；就像告訴失眠的人「去睡就好了」反而會使他們感到焦慮。如果好心的朋友回應教養方式的問題是告訴妳「放鬆」，妳可以叫他們聽妳說就好，或是告訴他們這個建議只有反效果。

我們建議妳建立支持團隊，不論實際認識還是在網路上，包括有證照的專家、值得信賴的朋友和家人，妳可以隨時請教他們，得到新資訊、建議、偶爾了解目前現況。這些成員不只能給妳最好的建議，他們的解答方式也讓妳感到充分的支持。妳的姨媽可能是小兒科護士，但是如果她總想到最壞狀況，讓妳對寶寶流鼻涕緊張兮兮，那麼如果寶寶跌倒摔到頭，或許還是別問姨媽比較好。

我們認為，媽媽批評彼此之前，得先接受自己，這點很重要。有位患者說：「生孩子前，我看外頭的爸媽都十分不以為然，最討厭就是帶小孩去餐廳的，小孩哭哭啼啼，搞得亂七八糟，我覺得這些爸媽根本不知道該幹麼，我絕不會讓自己小孩這麼失控。但我現在當媽媽了，我知道每個爸媽都盡力了。如果有人批評我，我會想：『管他呢，他們又不了解我的生活，也不了解我的孩子。陌生人的看法關我什麼事？』」

身為母親，將我們團結一起的共同力量，遠大於想法與教養方式的歧異：每個母親都希望孩子得到最好的，儘管她達到目標的方式未必相同。如果女性想要在性別平權上更進一步，那麼誰都沒有多餘精力消耗在「媽媽戰爭」上。

如果妳沒有太多同齡又同時在養孩子的朋友，或者妳想尋求更多支持或聯繫，網路可以提供很多幫助。像是教養留言板、部落格、臉書群組、郵遞論壇（listserv）等。這些團體形成支持社群，提供有用的資源，特別是在妳不方便出門時。但是，由於這麼多媽媽在一個地方分享她們的故事，因此資訊量可能非常龐大，加上每個寶寶都不一樣，因此我們建議妳謹慎看待網路上的建議。光是因為某個媽媽用某種方法發生效果，並不代表這也適用於妳。這就像上網尋找理想的牛仔褲：不管別人穿起來多好看，妳沒試過符合自己的尺寸，就不會知道是否真的合適。

社交媒體上的親子教養社團或許相當有趣、讓人轉移注意力，甚至能提供支持。但社交媒體也是雙面刃：喜歡分享恐怖經驗的人，無所不知或「充滿聖光」，拒絕承認任何負面教養經驗的媽媽，大有人在。研究顯示，社交媒體可能觸發自卑感，增加羞恥感。如果妳發現掛網一段時間後心情低落，請離開網路一兩天，看看是否有幫助。妳不會錯過什麼，朋友知道怎麼找到妳。

恢復性生活

無論生孩子之前妳的性生活狀態如何（這包括做愛的頻率，由誰主動，妳享受或討厭這個過程），寶寶出世之後，甚至自懷孕開始，這個狀態可能已經改變。妳的伴侶或許急著重新建立親密關係，但妳有別的想法。醫生可能會在第六週的檢查裡告訴妳可以開始性行為，然而那時妳可能自覺還沒從產程中全然恢復，也沒有準備迎接親密行為。

產後的身體可能不再是人間仙境，反倒像個戰場廢墟。如果沒有剖腹產，妳可能會擔心自己過度「拉寬」，或者覺得陰道太乾。剖腹產的話，或許傷口已經癒合，但新生皮膚依舊柔軟，疤痕清晰可見。如果妳在餵母奶，可能覺得煞風景，因為妳再也無法從情欲的角度審視自己的乳房。不論情感還是肉體，妳都覺得已經不像自己，那麼想要跟過去一樣自覺「性感誘人」可能有點艱難。如果妳整天都在照顧嬰兒（尤其是要餵母奶），妳可能會覺得自己整天被黏著，於是有人貼近身體，進入自己，就再也不是件心動的事。也或者妳可能想做愛，但寶寶睡著後已經筋疲力盡，什麼事都不想做。

產後第一年的性趣減退，可能是演化的結果：妳的精力集中在照顧嬰兒，對其他追求的關注就減少了，特別是從生物學角度，暫時得減少再生一個寶寶來照顧的可能性。而即便醫學上認可的暫停階段過後，依舊性趣缺缺，另一個解釋是荷爾蒙因素。有位患者告訴我們，她渴望與寶寶的肌膚之親，而不是跟伴侶親密接觸。環抱與摟著嬰兒（還有餵母奶）都會在腦中釋放催產素。催產素也是性高潮時會釋放的情感連結荷爾蒙。妳有了寶寶這個來源，也許就不會想要從另一個來源取得。

但如果妳的伴侶沒能享有同樣的催產素升高，他可能會更渴望與妳親密結合。儘管他沒能意識到自己因為寶寶的關係被排拒或吃醋，但也許會以微妙的方式表達不滿：一直看手機或專注在其他3C用品，跟朋友打混或投入工作不回家，甚至用吃來補償。這或許可以解釋為什麼很多伴侶在另一半懷孕和產後都變胖了。

伴侶求歡不光是因為需要妳的肉體與愛。這也是他依舊把妳當做愛侶的表達方式。如果性生活是妳倆平時建立情感連結的重要方式，但妳目前還不想，請試著維持某些形式的身體接觸，只是握著手、親吻對方道晚安都好。性關係並不光是性愛，也涉及親密感和溝通交流。這是伴侶關係的基礎之一，你們不光是當了爸媽，也是深愛彼此的那個人。

好好討論現況

嬰兒的日程安排（或毫無安排）會影響性生活。妳最終會恢復做愛的心情，但同時間寶寶也可能想喝奶。如果寶寶跟妳睡在同一間房，妳可能會擔心寶寶心理受創。我們常聽到這類恐懼，但根本不必擔心，即使寶寶看到妳和伴侶在做什麼，他也不會理解，更加不會受驚嚇。

我們發現，成為父母的第一年，媽媽跟伴侶之間的性欲會出現落差，這很正常，而且還會持續一段時間。但同樣的，缺乏性生活是造成夫妻疏遠的主要因素之一。在親密接觸完全消失前，妳可能不會意識到性關係對溝通的重要性。這不只是身體的親密接觸；通常在「枕邊細語」時，夫妻雙方會透露並解決小摩擦，避免這些不快衍生成關係的主要地雷。

有位患者說：「寶寶出生後，我先生變得非常易怒。我以為是睡眠不足，但是即使睡多點也沒有改善。但等到我們以某種形式恢復性生活，大部分的緊繃狀況就消失了。他對我更有耐性，甚至更喜歡跟寶寶在一起。恢復性生活讓他覺得跟我就是一體的，而寶寶並不是關係的阻礙。」

對於某些夫婦來說，暫停性生活並沒有太大負面衝擊。他們會視為必經的階段。但不要以為伴侶自然會明白妳性趣缺缺的原因，你們必須好好討論現況，避免情感逐漸疏離。

很多患者都擔心，如果不做愛等於是拒絕伴侶，最終伴侶就會向外發展。在成熟的情感關係裡，伴侶採取行動前會說出自己的感受，而且除非妳想要，否則絕不會強行求歡。但現實是，如果伴侶認為沒有性生活就是太太對自己沒興趣，那麼他會另外尋求肉體慰藉。

有位患者的原生家庭曾有外遇問題，她擔心自己欠缺性趣會導致丈夫不忠。她告訴我們：「我跟丈夫談過這件事，他讓我真的很安心，他解釋說，如果少了性愛讓他失去理智，他絕對會告訴我——他永遠不會背著我亂搞。所以有時候他會告訴我，或只是試著求歡。起先我多半沒什麼興趣，但我們想出讓我覺得舒服的方式。」那位患者跟朋友坦承自己的狀況，結果發現朋友也有同樣經歷。「她跟我說，她和先生稱之為『體外愛愛』。這不是我們以前做過的，但能維持我們的親密連結，直到一切恢復正常。」

或許妳對伴侶沒什麼性趣但仍會跟伴侶做愛，可是內疚與勉強並不能構成健康的親密關係。如果不想要，就不應發生性行為。如果妳遭受性創傷，則應特別保護自己。做愛若是讓妳的身體與情緒都不舒服，妳應該直接告訴伴侶。相信我們：這段對話可能會省掉很多麻煩，而且妳承認自己目前的性需求改變，妳也明白他可能會感到沮喪。如果妳真的對性欲低落感到困惑，這是個求教醫生的好問題，因為醫學上可能有解答，而人工干預或許有幫助。

解題練習

產後性行為需要一點創意

- 溝通是前戲

產後的第一次做愛之前，請跟伴侶坦誠談談妳的感受，包括身體和情感，即使妳不確定自己的感覺，更要好好溝通。伴侶可能也有同樣感覺。兩人可以談談自己想要什麼，有哪些動作或體位是妳還沒準備好的。請記住，性愛不光是插入，還有很多別的選擇。讓伴侶明白該怎麼取悅妳，剛開始如果有些尷尬也別太在意。只要帶著耐心與愛，再加上一點幽默感，妳們就會找到辦法。

- 擁抱也算數

光是與寶寶肌膚接觸，就能改善母子健康狀態，伴侶關係也是如此。考慮洗個鴛鴦浴，或是裸體與伴侶在床上擁抱，就算還沒準備好愛撫性器官，也能從撫摸頭髮，按摩背部，重新建立親密連結。也許妳會喜歡背部按摩，就算不是做愛的前戲，光是這樣就讓妳覺得愉快。盡量不要為性而性，或以達到高潮為目標。讓性生活恢復正常的步驟，其實只是重新撫觸並感受親密連結。

- 服務伴侶

如果妳不想受到性器官刺激，可以問問伴侶是否可以只由妳單方面愛撫他。如果他覺得這方式不夠完整，妳也可以請他做點妳喜歡的事，像是幫妳腳底按摩。

- 從自己的感受出發

如果妳擔心性交引起疼痛，可以自己先用手或按摩器試試，看是什麼感覺。自慰過程能給妳更多掌控，幫助妳放鬆，因為妳更清楚生產後的身體和對性愛的反應。

- 別忘了幫自己進入狀況

也許妳需要自覺性感，才能產生性趣——如果懷孕前妳習慣除去體毛，穿上性感內衣，那麼試試這樣做能否改變心情，即使目前妳根本沒時間搞這個。替自己添購新的胸罩和內衣，襯托目前的曲線。如果妳擔心乳房形狀改變或漏奶，那就穿上為自己增添魅力的胸罩。講到這個，也請準備幾條毛巾，就算漏奶也要幽默以對。

- 使用潤滑劑

產後常見陰道乾燥，對治療方面或如何使性生活更美滿有任何具體疑問，請跟妳的醫生聯繫。

- 首先把寶寶照顧好

盡量餵飽寶寶，換好尿布，讓寶寶吃飽並安穩入睡後，那他就不會突然醒來，妳也不用半途為了寶寶的需求分心。

計劃下一次懷孕

寶寶出生後最初幾個月裡，很少聽到媽媽討論是否要再生一個。妳在寶寶頭三個月裡，可能極度睡眠不足，心想絕對不要再來一次了。但到了寶寶十二個月大，他長得更好更獨立了；妳的身體（或多或少）回復到懷孕前的狀態，而且月經週期或許也回來了；養小孩的樂趣多了，寶寶很快就要進入學步階段。

首先妳會想到自己的年齡和生育能力，或者第一次花了很長時間才受孕，這次想給自己充裕的時間。也或許，妳有許多兄弟姊妹而且大家十分親密，想到有個大家庭就覺得開心。不論妳增加家庭成員的動機如何，或許仍要考慮等寶寶滿週歲後再嘗試懷孕。

如果妳擔心自己的生育能力，請詢問婦科醫生。多數醫生會告訴妳不要急著懷孕，即使距離妳上次懷孕已有一段時間。有幾個因素十分有道理：如果妳仍在餵母乳，妳的荷爾蒙和經期可能難以預測，上次懷孕後可能身體仍在恢復中，照顧嬰兒的疲憊可能會減損妳的性生活，升高壓力。如果生物時鐘告訴妳時間不多了，但妳還沒有準備好計畫下一次懷孕，可以與去掛生殖科，跟醫生討論妳的選擇。如果接受生育治療才懷了寶寶，那麼在再次懷孕前，妳更要讓自己完全恢復健康。

從心理學的角度來看，妳一直在忙著照顧寶寶，處理生活中各方面的重大變化。再次懷孕之前，給自己一個機會，紀念這個過程中所付出的努力。記住，懷孕之後妳能控制的事微乎其微。這可能要花上幾個月，也可能是妳第一次沒避孕就懷上了。有位患者決定在大寶滿六個月後嘗試懷老二。「我們第一胎花了一年時間才受孕，所以我們覺得應該快點開始。」簡單說，她的兩個孩子只差十五個月。

也或許，妳決定只要一個孩子，覺得這樣最適合妳。而伴侶也同意妳的選擇，妳就不需要跟別人解釋。

結語

祝妳生日快樂！

寶寶第一個生日的到來，也標誌了這段苦樂參半的嬰兒時期已告一段落。他再也不會如此依賴妳了。或許能讓人稍事喘息，但想到嬰兒時代已經過去，難免稍微感傷。歡慶寶貝來到人世第一年的同時，我們鼓勵妳給自己一些獎勵。

妳度過了懷孕，寶寶降生第一年，還有化身為人母的過程！妳經歷了生而為人最戲劇性的身體與情感轉變，也多出了新身分，建立了新家庭，養育了另一個生命，在這過程得到轉化。即便這一年充滿掙扎，妳也深刻經過改變並成長，學到新技能，妳的韌性也到達新的高度。

或許有時候，妳想要回到舊時的生活。可是，放手的矛盾之處，在於現在有了新空間來容納新體驗。妳會花很多時間坐在地上玩積木，而當母親也會擴大妳的世界。妳會認識新朋友，不論是在孩子的學校、公園，還是或遊樂場。妳也會透過孩子的好奇感官來欣賞世界，像是慢下腳步，實實在在觀察小鳥羽毛的顏色，重新體會那久遠之前的許多樂趣，像是踩水坑。

我們希望妳找個安靜的片刻，重新審視自己的新生活。不需要永遠告別過去那個還沒懷孕的自己，而是跟她介紹這個新的自己。讓這兩個自己彼此認識一下，好好相處。孩子會比妳想像中更快發展出自己的生活，愈來愈不需要妳，或至少是換個方式需要妳。妳就有機會找回已經暫時擱置的某部分自己，或甚至生出新的另一個妳。

我們很想聽聽大家一路走來的體會，妳可以在社交媒體找到我們，繼續交流。

附錄

深入了解產後憂鬱

即便晉身人母讓妳快樂無比，這份喜悅也未必能保護妳免於憂鬱和焦慮的困擾，特別是有憂鬱與焦慮傾向的人。但母性和心理健康並不是二選一的習題。母親在孕期和產後需要適當的心理保健，由於懷孕和產後容易伴隨荷爾蒙和生活變化，更要保護自己和嬰兒的健康，因為母嬰的健康密不可分。

我們有許多患者經歷多年的憂鬱和焦慮症治療，她們往往想知道懷孕和產後的轉變是否會將她們推回過去的困境。在產前就找到適當常態辦法解決症狀的人，也想了解萬一母職壓力到來，該如何維持身心健全；至於固定服用抗憂鬱藥物的人，則希望確定在懷孕和哺乳期間，能否安全的持續服用藥物。

如果妳過去曾服用精神科藥物，或目前正在服用某種藥物，而且計畫懷孕或目前已經懷孕，我們建議妳先與醫生約診，討論妳的病史和藥物選擇，再來考慮任何調整。如果妳還沒懷孕，或許可以稍微延後計畫（時間愈充裕愈好），先找到各種藥物的服用調整方式，包括精神科用藥。

曾患輕度憂鬱或焦慮的婦女，有些能靠著談話治療和其他保護性療法及行為而停用藥物，並保持穩定。但是研究顯示，懷孕前或懷孕期間停用抗憂鬱藥的女性，特別是欠缺其他療法支持的情況下，復發比例高達七〇％。對於許多有臨床憂鬱或焦慮病史的女性，研究指出，談話治療搭配藥物，可能是緩解症狀最有效的辦法。

無論妳過去是否曾患精神疾病，或是擔心自己可能正在經歷新的症狀，還是想深入了解，以便日後防患未然，在此都能給妳更充分的心理準備。

產後情緒低落不是精神疾病

多達八〇％的婦女在產後的頭幾週內會經歷「產後情緒低落」。產後情緒低落不是精神疾病，而是產後荷爾蒙產生變化的自然反應，是暫時性的。許多女性形容是經前症候群的加強版本。哭泣是症狀之一，但很多經歷產後情緒低落的婦女表示，她們的情緒敏感不光只是傷心而已。最常發生的是情緒波動和煩躁，而且產後第四或第五天症狀最嚴重，通常在兩週內逐漸消失。

即使這些症狀並不危險，但產後情緒低落仍讓人不適與不安。我們建議妳列出可提供支持的家人、朋友和生產專業人士（例如陪產士），讓自己安心，而且妳萬一發生產後情緒低落，在產後頭幾週內可以有人幫忙照顧新生兒。但是妳不需要任何專業的心理治療就可以改善，即便沒有干預措施，這些症狀也會消失。

情緒低落可能不是妳維一感到低落的時候，每個人都會偶爾情緒低落，有時是一個下午，甚至更久一點——新手媽媽也不例外。每天花上幾小時陪伴不時尖聲哭泣的新生兒，妳會覺得壓力沉重。也許妳希望伴侶更居家，希望父母住得近一些，或想著外婆還活著，能抱抱外孫就好了。身為人母會不時經歷這些情緒。

簡單來說，就算妳在孕期與新為人母時一直不快樂，也不代表妳有心理疾病的症狀。但若是臨床憂鬱與焦慮這類的痛著，就不像對生活的掙扎這種自然反應，會隨時間或是一點休息和溫柔的愛的照護自然消失。

當憂鬱與焦慮開始失調

影響身體的病況中，大多數的診斷都是一翻兩瞪眼：不是有病，就是沒病。從懷孕到鏈球菌性喉炎的所有疾病都有檢測辦法。驗孕試紙、咽喉組織培養，然後答案就出來了——有，或是沒有。但是，心理疾病如憂鬱症和焦慮症，就沒這麼絕對。儘管這都是真實狀況，也有許多診斷工具可利用，但正常的情緒低落和心理問題之間的界限，在某種程度上是主觀的，因為這是從自身經驗以及情緒對自己生活的影響情況來定義。

新手媽媽階段就像其他過渡時期，複雜的感受（包括悲傷）起起落落，而且就是纏繞不去。有時低落的情緒一直存在，擺脫不掉，而且日常生活裡似乎也沒有觸發因子。也有些時候，即便以前會讓妳開心的事發生了，妳還是覺得傷心，彷彿整個人隨時都有烏雲罩頂。如果灰暗的心情導致更黑暗的想法，這種無望可能讓妳覺得把自己拔出泥淖也是沒用。有時沉重的感覺壓迫著妳，就連日常工作都令人筋疲力竭，難以完成，那麼妳有可能是碰上憂鬱症了。

憂鬱症不僅僅是揮之不去的悲傷（儘管這是主要症狀之一），黑暗感受也不是主題，反而是覺得空洞與木然。妳可能會覺得「提不起勁」，好像這個世界跟妳的情感生活都從彩色轉為灰階。部分原因是憂鬱期間大腦出現變化，就像處理天生愉悅機制的機器壞了。比起持續的悲傷，這種提不起勁令人感覺更不舒服。就算是平常熱愛的事，比方說聽音樂或吃最喜歡的冰淇淋，妳可能也感到無動於衷，毫無生趣，而把自己關起來。唯一能讓妳躲進去的就是睡眠，也因此許多憂鬱症患者很難下床。

焦慮症是緊張不安的感受（如受傷或面臨險境），通常伴隨憂鬱症發生。妳可能成天心裡碎唸，不停擔憂或斥責自己，做什麼都很難專心。而其他時候，焦慮症是種感官感受，與有意識的憂慮脫鉤：肌肉緊張、消化不良、胸悶、心跳，呼吸急促、焦躁冒汗，或無法入睡，都很常見。這些症狀通常會合併出現。

有些人只有焦慮，沒有憂鬱。妳可能連日常瑣事都往最壞的方向聯想；或是妳有特定的恐懼症，引發恐慌症狀，讓妳喘不過氣來。有時，光是焦慮症候都可能導致憂鬱——處在持續的緊張狀態下十分消耗精力，於是身心枯竭，以至於耗損感受愉悅的機制。日常的擔憂與悲傷是自然現象，當然在成為人母的階段也是如此。但焦慮和憂鬱開始失調，就會干擾妳正常運作的能力，阻止妳感受任何形式的喜悅。

患者觀點：孕期及產後的憂鬱與焦慮是什麼感受？

- 對皮屑的無盡恐懼：「兒子出生後，看起來好嬌弱。每次盯著他，我就會想到一件可怕的事：冷氣機上有黑黴菌，孩子得到胃食道逆流而且掉體重，如果我不好好保護，他的呼吸會停止。幫他洗澡時，我的手跟他的身體相比是如此之大——我的腦子裡出現了他溺死的可怕畫面，像是一場噩夢，但我明明是醒著的。我根本睡不著，因為這些擔憂就是排解不了。最後我實在累到不行，不做計畫，也不想離開家裡，更不想換衣服，一切都太超過了，好像處處都可能發生危機。」

- 疲勞轟炸的自我批判：「懷孕初期我有點出血，我想是運動造成的，所以很自責，雖然醫生認為我沒做錯什麼，繼續上健身房也沒關係，即便如此我還是很不安。我對運動喪失興趣，但這是我消除壓力的重要途徑，所以對我很重要。我無法消除這些罪惡感，我自覺是個自私的母親，我的寶寶應該得到更好的對待。」

- 難以享樂，無法專注，社交孤立：「餵母乳相當順利，我的身體正在復原，我的伴侶又是個神隊友。但是我滿腦子只剩下何時換尿布、下次餵奶的時間。沒有半點有趣或愉快的事。生活只是一張寫滿待辦事項清單，我只能一個一個勾選。我自覺一文不值、醜陋、肥胖，又易怒。看電視時我甚至沒法專心，我只想躺上床鑽進被子裡，整個人躲起來。」

- 煩躁、絕望和哭泣：「我以為自己只是有點產後情緒低落，但兒子已經兩個月大了，我依舊十分易怒，無故對男友發作。有一天我對著媽媽大哭，因為我覺得毫無指望。她告訴我，她生下我之後也經歷同樣的過程。她說：『不用像我那樣受苦』，然後陪我一起去找醫生，探討我的感受。」

週產期情緒與焦慮症（PMAD）

「產後憂鬱症」（postpartum depression），「PPD」和「產後」這兩個術語一直被籠統使用，來描述多種超過僅僅是抑鬱的狀況。醫療人員現在逐漸採用更廣泛含括的術語：週產期情緒和焦慮失調症（Perinatal Mood and Anxiety Disorders，PMAD）。週產期意指妊娠約二十週到產後一週，週產期情緒與焦慮失調症包括產後憂鬱症、焦慮症、創傷後壓力症候、強迫症、躁鬱症，和其他精神疾病，這些都可能在妊娠期間和之後出現，或合併發生。

本書會聚焦於我們治療的最常見的週產期精神疾病：產後焦慮和憂鬱。如果妳想進一步了解其他週產期情緒與焦慮失調症，請參閱我們的參考資源。

產後憂鬱症和產後焦慮症通常在產後的兩到三個月開始，但是許多患者在懷孕期間就出現症狀。也因此我們較傾向使用「週產期」而非「產後」。PMAD可以涵蓋任何在孕期或是產後頭十二個月的症狀。

以下是三種常見病症：

憂鬱症

重度憂鬱症（Major Depressive Disorder）這種疾病，可能在孕期或產後出現下列（或部分）症狀。如果這些症狀同時出現並且持續一週或更久，毫無減緩跡象，這表示妳應該求助專業人員，就診與治療。下列症狀最為常見：

- 沮喪、悲傷，焦慮，或「空洞」的情緒
- 不時流淚
- 對日常活動失去興趣
- 罪惡感
- 欠缺自我價值或感到無助
- 疲倦
- 易怒
- 感覺動彈不得或躁動不安
- 睡眠障礙
- 食欲改變
- 注意力不集中

• 出現自殺念頭

焦慮症

焦慮症不同於重度憂鬱症，後者是指單一病況，但前者有許多不同病況可歸類為「焦慮症」。以下是一些常見特徵：

幾乎欠缺理性，無法輕易開解的憂慮。這種情緒一直持續，大都是擔心健康與安全問題，特別是與新生兒相關。例如，妳一直擔心寶寶喝的母奶不夠，儘管兒科醫生已經再三保證，奶量跟寶寶的發育和健康都十分正常。

強迫性思考，意指腦中一再重複出現的憂慮感受或畫面。如果妳一再重複某種行為或想法，並試圖平息這種擔憂（而這種行為其實已經太過，實際上也並未消除這種擔憂），我們稱之為強迫性。而這個循環占用大量時間和精力時，就被看作是一種疾病，可能被診斷為強迫症。病人告訴我們的困擾是，一直擔心寶寶夜裡停止呼吸。常見的強迫症狀是整夜不睡，持續觀察或計算嬰兒的呼吸。過度擔心細菌感染，也會導致強迫性清潔或上 Google 搜索疾病相關資訊。這些想法會干擾日常生活，讓人時時刻刻都感到不安。

有這類擔心的母親，可能會害怕與嬰兒獨處，或者會過度緊張，時時警覺，因此妨礙了自己的休閒娛樂和日常生活。有些患了強迫症的母親會在夜裡不停檢查寶寶的呼吸，即便兒科醫生已經勸她們不必如此，而且她們也實在寧願去睡覺，卻依舊整夜盯著寶寶。也就是說，她們發現自己陷入了這種重複上演的惱人行為，難以打破這個循環。

許多患上產後焦慮症的婦女，是因擔心寶寶受到傷害或暴力。有時她們腦中浮現的影像裡，會看到自己在傷害寶寶，就像想像中寶寶從手中掉落的片段一樣。研究指出，如果這些念頭困擾妳，則不太可能是因為妳的輕忽或涉險。儘管妳可能看到自己置身這些可怕的場景，看到自己造成的傷害，如果這狀況令妳沮喪，那麼妳可以當做這些景象只是妳最大恐懼的顯化，但妳不會真的去做。

有些人沒察覺到自己的焦慮，結果反映在身體出狀況，這就是造成身體不適的恐慌症。恐慌症發作通常與劇烈壓力相關，表現在身體症狀上，例如肌肉緊繃、胸悶、呼吸淺而急促、胃部不適、盜汗以及感覺心跳急促。有時恐慌症發作時極為不適，患者甚至擔心自己可能要死了。

創傷後壓力症

經歷過創傷的人。有些人目睹暴力行為，經歷瀕死過程，失去所愛的人，或經驗出生或懷孕相關的創傷，及其他驚恐絕望的狀況，可能會在記憶、噩夢、腦海閃現以及其他壓力性情緒和身體感官感受中，再度且反覆經驗創傷事件。會使他們感到情緒截斷、瀕臨崩潰、易怒、孤立，對人生態度負面，並造成入睡障礙。

尋求專業幫助

儘管我們認為醫生應該針對週產期情緒與焦慮失調症進行篩檢，但並非所有醫生都會做這件事。妳的醫生可能更專注於照顧產婦的身體需求，而小兒科醫生則更關注寶寶的身體健康和發育。由於週產期情緒與焦慮的症狀（如疲倦和入睡困難）通常與懷孕和產後常見的一些身體症狀重疊，即使是問診最周到關切的醫生，也可能沒意識到妳情緒困擾的嚴重性。這當然不是藉口，只是強調，如果妳感到不適，絕對要清楚說出來。

有位患者告訴我們：「我的婦產科醫生真的很匆忙。檢查的時候她會進來問問題。我躺在產檯上實在很難思考，然後才剛回神她就走掉了，然後告訴我一切都沒問題。」

有些患了焦慮、憂鬱和其他狀況的女性，見了醫生總面無表情，可能是因為她們對自己承受的症狀感到羞恥，或是害怕丟臉。有些醫生會無意間讓患者退卻而避免講出自己實際上痛苦的程度，這可能來自幾句開玩笑，例如：「妳生完六星期恢復得比我生完六年了還要好！」或將臨床症狀輕描淡寫：「相信我，喝杯紅酒和一夜好眠之後，妳就會好起來的。」

週產期情緒與焦慮失調症不像新手媽媽過渡期那樣，睡一晚好覺就可以調整回來了。如果妳因病情困擾，或擔心自己可能患有這些症狀，請盡可能直接明白描述自己的感受。如果妳擔心自己可能患有週產期情緒與焦慮失調症，只要簡單告訴妳的醫生，就像是說：「我的膝蓋痛，妳能告訴我發生了什麼嗎？」妳可以說：「我的心情很低落，我需要妳幫助我弄清楚，要怎樣才能改善。」而且，如果妳覺得在醫生的診間裡開不了口，請將問題寫在紙上或手機裡，讓妳在診間裡參考，也可以請伴侶或朋友陪妳進診間。

值得慶幸的是，醫療人員對週產期情緒與焦慮失調症的理解愈來愈周全；妳的醫生很可能在妳產後回診時便問到妳的心情如何。但如果醫生沒有問，或妳在回診前跟回診後感到不舒服，妳絕對可以打電話詢問妳信任的任何醫生。

通常，妳的醫生（像是主要照護或家庭醫生，或婦產科醫生）會推薦心理健康專家，理想上是具備生殖心理健康問題和週產期情緒與焦慮失調症處理經驗的人選——他理解心理健康與妳身體、荷爾蒙和生活上的急劇轉變，以及這中間的複雜關係。但任何醫學和心理健康專家都要能幫妳做出明確診斷，提出治療計畫，或至少可以幫妳轉介給專家處理。如果妳在當地找不到適合人選，請聯繫產後支援國際聯盟（Postpartum Support International，詳閱參考資源），該組織設有支援熱線，協助婦女聯繫世界各地的心理健康服務專家。

許多女性告訴我們，光是約好第一次心理諮商，便感到自己的控制權回來了，因為她們知道自己不再孤單，有個顧及隱私，不會批判的人會陪在身旁，這人曾見過這種狀況，也有治療計畫能讓妳心情好轉，更能及時安撫並幫助妳恢復希望。幸運的是，週產期情緒與焦慮症的治療非常有效，患者只要能獲得適當幫助，往往能在幾週內開始好轉。

就醫的心理準備

如果妳以前從來沒看過身心科，那麼很難想像實際狀況。心理衛生保健有很多種形式。無論妳是需要教練、引導式練習，還是用藥，或只希望有人傾聽妳的困難，妳都能找到適合自己的選擇。

第一次約診時，心理師可能會問很多問題，部分是為了協助診斷，就像醫生會用聽診器聽呼吸一樣。他可能會要求妳描述何時開始不適，特別是妳的日常行動與生活如何變化，以及妳過去是否經驗過這種感覺。他可能會要求妳形容最艱難的日子是什麼景況，以及哪種方式讓妳感到輕鬆。他可能會問到妳的家族病史，以及過去的重要事件跟一般的健康狀況。

如果有哪些重要的細節，但問診中沒有提到，或是妳心中一直不確定能否告人的祕密，請盡量全盤托出。把最隱密最私人的想法告訴陌生人，當然會怕怕的，但請記住，這是心理健康專業人員所受的訓練，就是將妳所說的一切訊息保密——就連對妳的配偶都不能揭露，除非他們擔心妳的安全，或有傷害他人的風險，這是守則的唯一例外。

心理衛生服務

心理衛生專業人員的類型很多，大都使用一對一或小組治療的談話治療，來治療週產期情緒與焦慮失調症。只有醫生或專科護理師可以開藥。以下類別能幫助妳了解心理衛生服務提供者的不同：

- 治療師（包括社工師、心理學家、心理師、諮商師）：這些談話治療師經過培訓，能夠診斷並治療部分情緒問題和狀況。他們可能會聚焦在妳的家庭動態，以及社交生活的各個層面（例如人際關係和財務問題）會如何帶給妳壓力。他們可以自行診斷或與具備開藥資格的醫生和其他醫療專業人員一起擬定治療計畫。治療師可能擁有心理學等領域的博士學位，或具備諮商或社工領域的碩士學位。有些治療師專門研究女性心理健康（不孕、產後憂鬱、流產等）。也有些治療師接受過特定類型的行為療法甚至身體鍛鍊方面的培訓。就像求助一般醫療人員一樣，請詢問他們的專業背景、資格養成和臨床理念，作為評估適合度的參考。

- 專科護理師：護理執業師接受了額外的培訓，可以執行部分醫療業務，例如檢查患者，診斷疾病以及提供治療，包括心理治療和開藥。有些專門從事精神科治療和藥物治療。
- 精神科醫生：診斷和治療精神疾病的醫生。精神科醫生經常結合談話治療和藥物治療。有些只開處方箋，並與提供諮詢的治療師合作。
- 孕產精神科醫生（例如我們）：有時被稱為週產期精神科醫生或照會諮商精神科醫生，這些醫生接受過產後時期（以及月經週期）相關的心理健康訓練，懂得如何安全治療。

孕期精神科用藥

精神科藥物能減輕精神疾病患者的症狀。這些藥物可以改善生活，還能挽救生命，這點毫無疑問。但從歷史上看，醫學界的問題不是如何治療孕期的精神疾病，而是根本不治療。

多年來，許多醫生（包括精神科醫生）由於擔心傷害胎兒，都不願為孕婦開立心理疾病藥物。即使在今天，這種抗拒心理仍然存在，主要是因為沒有哪種精神藥物正式得到美國食品藥物管理局（FDA）批准，可用於孕期和哺育母乳時期。

在一九九〇年代初以前，FDA藥物安全評估的藥物測試，其受試者極少納入生育年齡的女性，因為擔心她們在研究期間可能受孕，或荷爾蒙波動會影響研究數據。因此這些醫學試驗有其局限，無法證明孕婦用藥的安全性。而一九五〇年代在歐洲用於治療晨吐的沙利竇邁（Thalidomide）曾導致嚴重的畸胎病例，進一步加深人們對藥物安全的擔憂。

然而，為了防止悲劇再度發生的立意儘管良善，卻使得女性病患（不論懷孕與否）獲得安全有效醫療的相關發展受到局限。組織研究多半圍繞男性受試者進行，因此未能針對女性身體會有的狀況（例如產後憂鬱症）。此外，這也限制了一般病況在女性身體會如何顯現的研究（例如，我們現在知道女性心臟病發作的症狀可能與男性不同）。

在一九九〇年代初期，受女性運動影響，美國總算立法要求將婦女納入臨床試驗，但對孕婦的研究從過去到現在因為考量到胎兒仍然受到限制。對於「在孕期或哺乳期服用這種藥物是否安全？」的問題，研究人員還無法使用科學上最穩健的方式去進行藥物測試，要得到核准的藥物研究在測試上要符合「黃金標準」，要求大量的受試者接受一套受控而且客觀的科學性研究（隨機、雙盲、安慰劑對照的臨床試驗），但這種研究標準不可能存在於孕婦和哺乳期婦女（這可能是網路上充斥著可怕的錯誤訊息的原因之一）。這也表示，關於孕婦會受到何種狀況影響，欠缺符合黃金標準的研究。

然而，僅僅因為我們沒有FDA批准的數據，並不意味著我們沒有懷孕（和哺乳）期間藥物安全的相關數據。

抗憂鬱藥物的安全性

目前孕期的相關醫學和精神科藥物的安全性數據，絕大部分是取自所謂回溯性研究，這些研究中，科學家發現已經自行選擇服藥的婦女，然後回頭檢視服藥對寶寶是否有影響。但是，這個研究技術不被視為「黃金標準」，因為要仰賴患者的記憶，並且無法控制可能影響健康結果的所有外部因素，例如遺傳病史或影響身體狀況的外部因素如感冒。但不表示這些研究沒有價值。

直至目前，我們搜集懷孕期間服用抗憂鬱藥的女性數據，就算沒有成千上萬，也有好幾百個。實際上，相比於妊娠期多數其他類別的藥物，目前關於抗憂鬱藥物安全性的數據可能還更多些。這些回溯性研究數據告訴我們，精神病藥物就跟其他藥物一樣，確實某些用藥比其他藥物對胎兒發育的風險比較大。研究更顯示，僅有某幾種精神科藥物是醫生絕對避免開立給孕期婦女，因為只有這幾種這些與嚴重副作用有相關性。

醫生都清楚，碰到有性命危險的醫療狀況，例如高血壓或糖尿病，難免讓嬰兒經歷未知副作用的風險，這通常是因為疾病本身為母嬰帶來不健康的身體狀況。

然而，精神疾病的治療，有時在醫學上仍被視為非醫療必須。這許多年來，女性常被指示面對自己的情緒狀況要「堅強」。而今，科學顯示，如果在孕期和產後不及時治療，許多精神疾病對母嬰並不健康。即便數據不夠完整，但對許多女性而言，在懷孕期間和產後服用糖尿病藥物、降壓藥物和抗憂鬱藥對健康的好處，遠勝於目前有限的研究所指出的假設性風險。

患有憂鬱症但未經治療的女性，很可能轉向飲酒與吸菸，因為她們實在太希望找到解脫之道。有些理論指出，未經治療的憂鬱症和焦慮症會增加母親的壓力荷爾蒙，可能導致生理變化，這種變化可能損及發育中的胎兒。研究還表明，患有未經治療的憂鬱症孕婦，發生早產或寶寶體重過輕的風險較高。

無論是以談話治療還是藥物治療，重點是懷孕期間和產後應該要治療憂鬱症、焦慮症和其他精神疾病。研究和我們的經驗都顯示，這些療法有效，而且如果母親健康，不僅對她自己好，對寶寶更好。

與醫生談談

如果妳過去服用某種藥物治療精神疾病，或正在服藥，最好與醫生談談，理想的時間點是準備懷孕前，或發現有孕就找醫生諮商。在這次約診中要討論的是：過去這種藥物對妳有什麼幫助？妳還記得上次停藥是何時？感覺如何？

如果精神科藥物一直是妳維持身心妥適的核心，而且過去嘗試停藥卻出現問題，那麼妳應該討論在孕期跟哺乳時服用該藥物是否有研究指出（任何）具體風險。身為孕產精神科醫生，我們常說懷孕期間服用任何藥物都有相對風險，但是停止治療憂鬱症和焦慮症也會有風險，就像避免在孕期治療高血壓一樣。

我們不會條列出懷孕和哺乳期間任何一種藥物的特定風險，因為藥物種類太多，而且數據是持續更新的；但我們的資料列出了一些網站，可以幫助妳了解有關懷孕和哺乳期間的藥物使用情況，並為妳找到附近適合的醫生，協助妳做出決定。

如果妳有精神病史，醫生可能會把重點放在過去對妳有幫助的藥物，及其本身的風險和好處。妳可能聽說過，某些藥物常開立給孕期女性治療憂鬱症。但最流行的藥可能不是對妳最好的藥。如果妳以前沒有服用過精神科藥物，而醫生建議妳開始治療，那麼醫生會幫妳找到最安全的方法。醫生通常建議在懷孕期間服用有效劑量最低的藥物。這並非表示孕期始終建議最低劑量，只是意味著妳只需要恰好緩解症狀所需的強度，劑量不要超過，也不能打折扣。

有些女性在接受幾種不同的精神科藥物治療時，剛好懷孕了。理想情況下，醫生會找到單一最有效的藥物，將效果最大化，來對治妳的所有症狀。用藥建議盡量精簡，因為多數藥物的安全性研究，一次只考慮一種藥物。這表示醫生（及其所依賴的科學研究）通常不會告訴妳太多孕期或哺乳期間同時服用兩種，或兩種以上藥物的風險訊息。因此，如果妳可以使用一種藥物有效控制症狀，或許就是妳的好選擇。例如，許多服用抗憂鬱藥的人也用藥幫助入睡。我們常試著增加患者的抗憂鬱劑量，觀察是否足夠解決睡眠問題，幫助患者戒掉安眠藥。

有些女性不確定她們目前的精神藥物實際上有多少幫助。如果妳屬於這個族群，可以在懷孕前與醫生討論如何減少或甚至停用精神科藥物，或者考慮改用對妊娠安全性較好的有效藥物。

而且，如果妳打算停藥，請不要獨自做決定——有些藥物需要按部就班減量，避免戒斷的副作用，而這個過程應該受到醫生的監督。

行為與生活的調整

總之，繼續用藥或停藥的選擇權在妳手中（或是妳與伴侶共同決定，如果妳選擇讓伴侶參與這個討論），但專家意見能幫助妳理解這些選擇。底線是：如果妳有憂鬱或焦慮病史，或患有週產期情緒與焦慮失調症，可能需要在懷孕或哺乳期間服用藥物，因為治療病情帶給妳和寶寶的好處會大於潛在的風險。媽媽和寶寶的健康是緊緊相繫的。

藥物不是萬靈丹，若能與其他治療方法配合，才能達到最佳效果。評估患者在懷孕和哺乳期間服藥或不用藥的風險和好處時，我們一定要問：妳有沒有盡量調整行為和生活模式來改善心情，維護心理健康？

當然，有時憂鬱症狀會很強烈，致使妳沒有藥物幫助就無法做些運動或出去曬曬太陽的事。

但有時，有些女性獲得較多支持時，可以降低藥量或停藥（例如：有人幫忙打理屋子、有更多時間跟朋友或家人相處、開始治療、吃得好、睡得飽、適量運動、好好照顧自己），並減少壓力（步調放慢或減輕工作壓力，減少個人責任，花時間放鬆，迴避那些覺得自己「應該」但不想打交道的人）。沒錯，這說來容易做來難。光照治療、瑜伽、針灸、正念和冥想也可能有幫助，但對某些人來說環境上比較難達成。

可能的話，我們建議在懷孕期間和產後處理憂鬱和焦慮的患者，盡可能將自己的健康放在首位。妳可以放棄令人疲憊的社交旅行或家庭旅行嗎？何不告知妳的教會、清真寺，或猶太會堂的委員會，妳需要時間休息，在週末才能多點空檔放鬆？每週採買處理雜事有沒有更簡便的方式？妳甚至可以問老闆，每週是否可以有一天在家工作？儘管這些方法或許不可行或不切實際，但重點是隨時給自己溫柔、愛與照顧。

我們也會詢問在懷孕或哺乳期間考慮藥物治療的患者：是否嘗試過談話治療？雖然有些醫生會跳過談話治療，直接開立精神科藥物，但我們認為治療是個強大而重要的輔助工具。這不是個速效解決方案，通常得不到全額保險給付，而且很耗時，更不是每個社區都找得到執業人士。但對於某些患者而言，有用的談話治療可以處理其症狀，於是在懷孕和哺乳期間可以安全地停用藥物。

專業心理療法

心理師有許多類別，談話療法也是分門別類。很多心理師接受多種療法的訓練，針對不同情況，也有心理師會綜合幾種療法來對治。可能會依照他判斷對妳有幫助的模式，推薦某個特定療法。妳若是認為某種特定治療對妳的幫助最多，或覺得能更自然表達與溝通，也可以要求進行這類療法。

- 精神動力學心理治療（Psychodynamic psychotherapy）：有時又稱作洞察力導向心理治療，這個療法的概念是，潛意識因素會影響人的情緒與行為。目標是幫助妳了解這些盲點會如何阻礙妳看清事物，導致妳一再重複問題經驗。這個療法通常聚焦在說出妳的過去，以便妳了解這些記憶與經驗跟目前問題的關聯。這個設計的目的是藉由治療師的專業技能，幫助妳發現自己的答案。
- 精神分析治療（Psychoanalysis）：這是相當強烈的治療方式，也是精神動力治療的一種。通常需要一週三到五次，讓患者躺在沙發上進行。分析師有如患者的合作夥伴，指出患者在治療中間的行為模式，幫助患者提升自我覺察。這個過程叫做移情（transferences），能幫助患者更理解自己面對分析師與面對他人的行為，看到真實生活裡的模式。
- 支持性心理治療（Supportive psychotherapy）：這種療法採取較為建議導向的方式，加強患者自尊並鼓勵採取對策。重點放在改善感受與態度，並採取特定行動，而非挖掘問題的根源。

- 人際心理治療（Interpersonal psychotherapy，IPT）：是個短期而高度結構化的療法，幫助患者認知到生活中的轉變會帶來壓力。新手媽媽的身分改變，就是人際心理治療的常見重點，不過這種療法也拿來幫助那些努力適應重大改變的人，像是退休或有至親過世。人際心理治療的目標在於幫助患者理解目前的低潮是針對現實生活狀況的反應，找出這些改變帶來的特定壓力，特別強調檢視關係品質與溝通技巧，來改善情緒感受。治療師會與患者進行角色扮演，來改善患者與自己跟他人的關係。
- 認知行為療法（Cognitive behavioral therapy，CBT）：這個短期而結構化的療法專注在慣性思考模式會如何導致難受情緒與問題行為。患者會完成特定功課，練習清楚檢視自己不符現實的想法，拿回自我掌控。
- 行為治療（Behavioral therapy）：行為治療利用正向／負向強化系統，改變失能行為模式，鼓勵採取更健康的取代方式。這種療法常包括各種練習，比如放鬆訓練、壓力管理、暴露療法（exposure therapy）、生物反饋（利用身體的表象線索，獲得如何控制心理狀態的資訊），以及建議改變飲食及運動等行為模式，來協助治療。
- 辯證行為治療（Dialectical behavior therapy，DBT）：通常以團體模式進行，利用類似認知行為療法的技巧，聚焦在學習正念（自我覺察）、人際關係技巧，如何控制情緒，以及如何預防衝動與自殘。

常見問題

Q 導致產後憂鬱的原因為何？

A 世界衛生組織的研究指出，產後憂鬱症散見於各種文化，影響了全球超過一〇％的婦女，在發展中國家發病率最高。美國疾病預防控制中心（CDC）研究顯示，美國有九分之一的女性可能會經歷產後憂鬱症。但有些理論認為，由於症狀可能未就醫或無法識別，因此發生比率可能更高。

美國疾病預防控制中心的研究表明，生育年齡的女性患憂鬱症的可能性大約是男性的兩倍，她們也更可能患有焦慮症、恐慌症、創傷後壓力疾患和強迫症。社會和心理學理論提到，經濟不平等、性暴力和其他文化模式可能給女性帶來壓力。另外有理論指出，懷孕（和經期）的情緒、身體和荷爾蒙變化可能引發焦慮和憂鬱，於是增加壓力。

儘管科學家不清楚週產期情緒與焦慮失調症的確切原因，但有幾種理論：產後，雌激素和黃體素急劇下降。一些科學家認為，這種荷爾蒙突然改變對大腦的影響是「情緒低落」的原因，可能導致週產期情緒與焦慮失調症的發作。但是，事情沒那麼簡單。如果是這樣，每個女人都會從產後情緒低落直接進入精神疾患。我們知道，有些女性比其他女性對荷爾蒙波動更為敏感。如果妳有嚴重的經前症候病史或因荷爾蒙避孕方式引起情緒波動，那麼就可能對荷爾蒙變化更為敏感，因此更容易患上週產期情緒與焦慮失調症。

也有一些理論認為，週產期情緒與焦慮失調症只是在懷孕期間和產後期間發生一般性憂鬱的某種形式，也許是壓力和荷爾蒙變化而激化，但與臨床憂鬱症患者在生命中不同時期所經歷的症狀沒有太大相異之處。有時，早期的產後憂鬱症可能是先前憂鬱症狀的持續發作，這種憂鬱症已經醞釀了一段時間，甚至早在懷孕之前。但又受到懷孕荷爾蒙變化而啟動。

我們認為週產期情緒與焦慮失調症有其演化上的起因。新手媽媽對健康的警覺，會更注意保護自己的寶寶。築巢本能就是這種衝動顯化的好例子。週產期焦慮失調症可能是這股衝動出了問題，或轉為過度的戰或逃反應。這些本能有助於人類在熱帶草原生活，隨時對獵捕者保持警覺；但當這些本能被啟動甚至被放大，而生活中沒有顯而易見的危險，用處就降低了。

Q 如何知道自己是否有罹患週產期情緒與焦慮失調症的風險？

A 探討這些風險因素之前，請理解，這些風險並非斷定妳會有週產期情緒與焦慮失調症。如果妳有任何風險因素，請記住背景知識，保持警覺，建立支持系統，並與醫生提前討論。

與伴侶討論週產期情緒與焦慮失調症的危險因素也可能有助益，他就可以幫助妳識別症狀。這段對話可能很困難，特別是妳如果必須跟從未接觸精神疾病的伴侶敘述妳充滿掙扎的過去。這也是跟專業人員定期進行保密約診的另一個好理由，專業人員在妳討論過去的精神病史時能讓妳感到被支持。我們鼓勵孕婦和產後患者帶著伴侶參加心理健康問診，這可能將助於雙方理解和溝通。

現在講到風險因素：如果妳過去有段時間患有憂鬱症或焦慮症，或是妳已經停止治療（包括精神科用藥），那麼就有較高機率會罹患週產期情緒與焦慮失調症。如果之前懷孕或產後期間患有週產期情緒與焦慮失調症，則重複發作的風險甚至更高。

週產期情緒與焦慮失調症跟其他形式的憂鬱症一樣，都可能有遺傳因素。如果妳的家族有憂鬱病史，或有親近的女性親屬在懷孕或產後患了憂鬱症，妳也會有患上週產期情緒與焦慮失調症的傾向。

高度壓力可能會導致或觸發週產期情緒與焦慮失調症。可能的壓力源包括：與家人或朋友疏離（或沒有伴侶）而感到社交孤立，與伴侶發生衝突（包括虐待），低自尊，財務壓力（包括照顧兒童的壓力）。其他壓力因素可能包括：曾經流產、產程時的創傷經歷、寶寶入住新生兒加護病房，或哺乳困難。睡眠不足以及嬰兒出生後接踵而至的重大生活改變與調整，都可能加重壓力，尤其再加上其他風險因素的話。

同樣，我們列出這些風險因素並非要嚇唬妳，而是讓妳多些了解，盡量維持自己的健康狀態，能夠超前部署尋求協助。

Q 當週產期情緒與焦慮失調症危及生命，怎麼辦？

A 如果妳有自殺念頭，無論是自殺的衝動還是消極的念頭（例如不想活了或是希望自己消失好了），都應該立刻致電醫生或執業人員。如果他們沒時間，或沒當一回事，請前往附近的急診室，或打給一一九。如果妳無法尋求專業協助，請把妳的感受告訴妳所愛和信任的人，盡可能誠實坦白，讓他們了解妳的痛苦已如此巨大，幫妳求助，保護妳平安。

有部分週產期情緒與焦慮失調症之所以會危及性命，是源自產後精神病。這種疾病屬於週產期情緒與焦慮症的一種，但更為嚴重而罕見，在一千名女性中只有一到兩個例子。許多患有產後精神病的婦女都有潛在的精神疾病，像是思覺失調症。

產後精神病的症狀通常在產後幾天或幾週內出現。看得到的症狀可能包括：誇張而不穩定的情緒波動、迷惘、躁動、煩躁不安、失眠以及行為異常或舉止詭異。這些症狀或許不危險，但激烈的情緒表現可能是產後精神病最危險的外顯面向：妄想性思慮。產後精神病的妄想可能來自偏執或宗教，導致患者以為她或她的孩子有特殊能力、會傷害他人，或處於嚴重危險。產後精神病的婦女可能會幻聽，有聲音要她們自殘或傷害孩子。而且，與產後憂鬱或焦慮症不同，這種患者覺得，傷害自己或子女的想法「毫無問題」；實際上，傷害孩子感覺是件「正確」的事，這來自精神病性妄想。

產後精神病是真正的醫療急診範圍，因為患了這種疾病的婦女有自殺和殺嬰的風險。如果妳認識的人可能患有產後精神病，請立即通知他們的醫生和家人，或致電一一九或急診服務。

Q 新手爸爸或伴侶會得產後憂鬱嗎？

A 當然。儘管新手爸爸患上產後憂鬱症的研究較少，但有些研究表明，有將近一〇%的人可能在小孩出生後的第一年出現憂鬱症。有憂鬱史的人可能處於較高的風險。

每個人一生中都會有低潮的時候，升格為人母親是個壓力山大的時期，對伴侶當然也是如此。他們生活中遭受擾亂的面向也類似：睡得更少、更沒時間運動、性生活減少、休息時間也更少，此外責任還加重了，財務壓力更巨大。伴侶同樣要面對新手父母時代來臨的興奮與震撼。我們知道壓力是導致憂鬱和焦慮的最直接誘因之一。變化對大多數人來說都是沉重壓力，孩子的加入，也對伴侶的生活帶來深層影響。

爸爸罹患產後憂鬱症是否與荷爾蒙有關，目前並沒有明確的研究成果。但部分研究指出，新手父親的睪酮素水平下降；也有研究顯示，會共同撫育的其他物種中也有類似模式，像是老鼠、倉鼠和沙鼠。動物研究指出，睪酮素水平的下降牽涉到父親對子嗣的攻擊性降低，於是花更多時間與孩子相處，但是從動物研究數據來推斷人類並不完備。就人類父親來看，荷爾蒙是否與憂鬱感受有關，又如何產生影響，都還沒有確實佐證。

男性的例子跟女性一樣，情緒變化總能從生物學的角度來解釋，而身體和大腦變化如何影響多數男性和女性的感受，我們還有很多要學習。此外，重點是要記住，父親也可能跟母親一樣，早在成為父母前就有憂鬱症病史。

現在有愈來愈多的社群對話出現，支持經歷產後憂鬱與焦慮的父親；關於當爸爸的情感轉化與調適，相關討論也普遍擴大。我們也認為，如果陪產假的規範更親民，那麼許多父親和整個家庭都會從中受益，這樣伴侶就有更多時間在家與嬰兒培養感情，協助照顧寶寶，幫助伴侶度過新手母親的時期，自己也擁有更多私人時間來休息和調適。

誌謝

我們非常感謝催生孕育出這本書的所有推手。感謝我們的經紀人 David Kuhn 和 Lauren Sharp，謝謝兩位對這本書的信心，還找來我們也出色的編輯 Priscilla Painton，她與 Megan Hogan 一同帶來了遠見、毅力和熱忱，幫助我們為這本書定型，讓更多人得到幫助。我們的寫作／編輯助手 Jaime Green、Ester Bloom、Sydny Miner 和 Sonia Leticia Sanchez 都為本書注入充沛的才華、專業，和努力。

還要感謝我們的家人：Dan、Phoebe 與 Hannah；Jeffery、Jill，與 Liza：少了你們的愛、智慧、慷慨、靈感和犧牲，一切都是不可能實現。

感謝我們所屬的社群，孕育製造出本書的內容與靈魂：哥倫比亞大學心理分析培訓和研究中心（The Columbia Psychoanalytic Center for Training and Research），婦女診所（The Women's Clinic），紐約長老會／威爾．康奈爾醫學中心及其婦女計畫；紐約孕產中心（The Motherhood Center of New York）：

婦女心理健康聯合會（Women's Mental Health Consortium）；婦女焦點團體；Lady Boss Collective；產後支持國際組織（Postpartum Support International）；西奈山醫學院人文與醫學計畫；TED常駐計畫；以及 Neuwrite 網絡。

最後，感謝所有自願奉獻時間進行編輯、建議、研究、支持和分享故事的朋友和同事，我們非常幸運能擁有各位的參與，豐富我們的研究、生活和旅程。

參考資源

憂鬱症防治

臺灣憂鬱症防治協會──產後憂鬱量表

從自我檢測產後憂鬱量表開始，依據分數總和，初步找到建議對策。

華文心理健康網

由董氏基金會心理衛生中心設立，包含線上檢視心情、了解心理健康、憂鬱症量表、憂鬱症防治、求助資源、憂鬱症新知等資訊。

哺乳救星

毛醫師哺乳諮詢門診粉絲團

毛心潔醫師為小兒消化專科醫師及國際認證泌乳顧問，以專業與溫暖守護哺乳家庭。

衛生福利部國民健康署母乳哺育專區

有系統的整理有關於生產與餵母奶的知識文章，含母乳哺育諮詢、哺乳媽媽飲食注意事項等。

睡眠管理

睡眠管理職人寶寶睡眠專區

由吳家碩、李偉康兩位臨床心理師所撰寫有關寶寶睡眠的文章，期待寶貝們皆能一夜好眠。

社群支持

媽咪拜

備孕、懷孕、產後及照顧寶寶的四大主題，並有媽媽討論區，可以找到多種話題圈。

PTT BabyMother 媽寶版

孕期到育兒大小事都可以交流的空間，禁止商業操作，訊息信賴度高。

寶寶發展檢核

衛生福利部健康九九網站：新版兒童生長曲線檢核

新版 WHO 兒童生長曲線圖，幫助爸媽們掌握寶寶成長及健康狀況。

台北市政府衛生局兒童發展檢測

提供兒童發展線上檢測問卷，可評量滿 4 個月至 6 歲的兒童發展表現是否與其年齡吻合。

育兒資訊站

衛生福利部社家署育兒親職網

除了深度的兒童發展知識，也有實用的育兒、照顧方法影音。

親子天下網站

免費看的教養教育知識寶庫，高度保證訊息正確性，常有資訊更新，為育兒知識基礎建立首選。

送子鳥資訊服務網站

蒐集整合結婚、懷孕、分娩、新生兒至學齡前各階段政府所提供之各項服務及資源查詢。

孕產育線上課程

孕婦的科學

由林思宏醫師與宅女小紅，一同陪妳有系統學習孕產的必備知識，包含產檢、網路迷思、胎兒成長等一般診所較不會強調的內容做說明。

毛心潔的哺乳全攻略：觀念篇＋產後實作篇

台灣國際泌乳顧問教母 —— 毛心潔醫師親自授課，讓妳快速掌握哺乳技巧，幫妳安心度過哺乳期。

【人初千日系列】認識寶寶的一千天＋寶寶手語

零歲教育專家 × 五所大學嬰幼兒課程講師 × 萬名保母專業培訓師，給學齡前親子家庭的早期教育、潛能開發啟蒙課！

新手爸媽的育兒教練

4 大育兒指標名師，帶妳深入理解幼兒身心發展，找出孩子專屬的教養對策！

【新手爸媽必備寶典】專家帶妳成為不慌不亂的高手爸媽

跟著黃瑽寧醫師及周育如教授，一同掌握正確的育兒觀念與實作技巧。

兒科醫師育兒

黃瑽寧醫師健康講堂粉絲頁

黃瑽寧醫師將學術論文、臨床醫學案例轉化為容易理解運用的知識，學術與實務兼具。

黑眼圈奶爸 Dr. 徐嘉賢醫師粉絲頁

將五花八門的育兒產品、兒童疾病資訊濃縮整理，幫助父母有效快速吸收育兒健康知識。

葉勝雄醫師的育兒發燒經粉絲團

從哺育照護到小兒疾病，人氣小兒科醫師的育兒解答。

更多參考資源（美國）及參考文獻，請下載：

國家圖書館出版品預行編目 (CIP) 資料

準媽媽心靈解憂書：備孕、待產到育嬰，來自孕產醫師的 70 個減壓處方／亞歷山德拉．沙克斯（Alexandra Sacks），凱瑟琳．波恩朵夫（Catherine Birndorf）作；張怡沁譯 . -- 第一版 . -- 臺北市：親子天下 , 2021.01
352 面；14.8×21 公分 . --（家庭與教育；66）
譯自：What no one tells you: a guide to your emotions from pregnancy to motherhood
ISBN 978-957-503-730-7（平裝）

1. 懷孕　2. 婦女健康　3. 產後照護

429.12　　109021066

家庭與生活 066

準媽媽心靈解憂書

備孕、待產到育嬰，來自孕產醫師的 70 個減壓處方

作　　者｜亞歷山德拉・沙克斯（Alexandra Sacks, M.D.）&
凱瑟琳・波恩朵夫（Catherine Birndorf, M.D.）
譯　　者｜張怡沁
審　　訂｜鄭宜珉
責任編輯｜蔡川惠
編輯協力｜陳以音
校　　對｜魏秋綢
排　　版｜張靜怡
封面、版型設計｜Ancy Pi
行銷企劃｜林靈姝

發 行 人｜殷允芃
創辦人兼執行長｜何琦瑜
副總經理｜游玉雪
總　　監｜李佩芬
副 總 監｜陳珮雯
特約副總監｜盧宜穗
資深編輯｜陳瑩慈
資深企劃編輯｜楊逸竹
企劃編輯｜林胤孝、蔡川惠
版權專員｜何晨瑋、黃微真

出 版 者｜親子天下股份有限公司
地　　址｜台北市 104 建國北路一段 96 號 4 樓
電　　話｜(02) 2509-2800　傳真｜(02) 2509-2462
網　　址｜www.parenting.com.tw
讀者服務專線｜(02) 2662-0332　週一～週五：09:00~17:30
讀者服務傳真｜(02) 2662-6048
客服信箱｜bill@cw.com.tw

法律顧問｜台英國際商務法律事務所　羅明通律師
總 經 銷｜大和圖書有限公司　電話｜(02) 8990-2588

出版日期｜2021 年 1 月第一版第一次印行
定　　價｜400 元
書　　號｜BKEEF066P
I S B N｜978-957-503-730-7（平裝）

Complex Chinese Translation copyright © [year of first publication by Publisher] by CommonWealth Education Media and Publishing Co., Ltd. WHAT NO ONE TELLS YOU: A Guide to Your Emotions from Pregnancy to Motherhood Original English Language edition Copyright © 2019 by Dr. Catherine Birndorf and Dr. Alexandra Sacks All Rights Reserved. Published by arrangement with the original publisher, Simon & Schuster, Inc.

訂購服務
親子天下 Shopping｜shopping.parenting.com.tw
海外・大量訂購｜parenting@service.cw.com.tw
書香花園｜台北市建國北路二段 6 巷 11 號　電話｜(02) 2506-1635
劃撥帳號｜50331356 親子天下股份有限公司

立即購買 >

本書如有缺頁、破損、裝訂錯誤，請寄回本公司調換。
本書僅代表作者言論，不代表本社立場。